U0059720

賣什麼不如賣快樂，迪士尼的財富秘密攻略

經營快樂

張岱之◎著

原書名：《迪士尼的財富配方》

編輯室報告

　　行政院經建會在民國八十九年八月通過的「知識經濟發展方案」中指出：近代經濟的發展，來自於生產力長期的累積增加；生產力長期持續增加的原因，即來自於知識不斷的累積與有效應用。近十年以來，由資訊通訊科技所帶動的技術變革，已徹底改變了人類生活與生產的模式，在二十一世紀也將成為影響各國經濟發展榮枯的重要因素。

　　根據經濟發展的階段來區分的話，社會經濟體系粗分為農業社會與工業社會。在農業社會，土地與勞力是決定經濟發展的主要力量，在工業社會，資本與技術是決定經濟發展的主要力量。

　　近年來，經濟學家發現，資本不再是主導經濟發展的力量，知識的運用與創新才是經濟成長的動力。因此，以知識為基礎的經濟體系於焉形成，形成繼工業革命之後另一個全球性的經濟大變革。

　　知識經濟是指以知識的生產、傳遞、應用為主的經濟體系。在知識經濟體系下，新的觀念與新的科技快速往前

推進，您跟上時代了嗎？您找到自己位置了嗎？您的競爭力夠嗎？

　　知識經濟並不僅存在於知識分子，也不是在高科技產業中才看得到，個人和企業若是具備改革和創新的能力，也就是有效的利用資訊來創造價值的能力，就是在實踐知識經濟。

　　不管是個人或企業，善用知識經濟的力量，可以達到創新、提高附加價值、降低成本、提升競爭力，進而完成新高峰的個人價值或企業發展。

　　在這個全新的時代裡，每個人都擁有無數的機會，成功的故事隨時都在上演，只要您願意提升個人的競爭力，善用頭腦發現創意，明日，人生的舞台上您就是眾人矚目的主角。

　　對於經理人來說，這本書可以幫助您有效提升管理的能力，盡而提升企業競爭力，讓您在變幻無窮的商業競爭中快人一步、佔得先機；對於一般上班族來說，這本書可以儲備您的職場能力，讓您在升遷的道路上比其他人跑得快。

編輯室報告

序　言

魔法藥丸的財富配方

「It all started with a mouse！」（一切都始於一隻老鼠！）

這是迪士尼的締造者華德·迪士尼生前最喜歡掛在嘴邊的一句話，的確，正是米老鼠的奇蹟造就了整個迪士尼王國！米老鼠就像一個魔法師般揮動著他的魔法棒在全世界掀起了一股迪士尼風暴！迪士尼是將創意商業化的最大的勝利者，一個個獨特的創意就像一個個幽靈一樣遊蕩在世界的上空，進入每一個孩子和成人的心靈，與此同時，迪士尼的財富也迅速增長，這一切的一切，都是始於一隻老鼠！

米老鼠的神奇魔法，有自己富有個性的財富配方，正是在這個配方的作用下，米老鼠以及迪士尼才能夠披荊斬棘，締造了整個世界首屈一指的娛樂帝國！下面我們首先回顧一下神奇的米老鼠和他的創造者的神奇經歷：

一念之間的創意

　　米老鼠的神話是從那個近乎世界末日的午後開始的，當時的華德・迪士尼剛被迫放棄原來的工作而另起爐灶。在從紐約回堪薩斯老家的火車途中，失意挫折的迪士尼考慮再創造一個新的卡通明星來重新開創他的事業。這時候他的腦海中第一次萌發了一隻老鼠當主角的靈感，迪士尼馬上幫這隻老鼠取名為「莫提墨老鼠」（Mortimer Mouse），不過當時同行的妻子卻想到一個更好的名字：「米奇老鼠」。（Mickey　Mouse）

米老鼠如日中天

　　米老鼠的誕生是創意與艱苦的結晶，為了保密，米老鼠的設計是在車庫當中秘密進行的，在迪士尼與夥伴伍培・艾沃克斯的趕工製作之下，第一部米奇卡通《飛機迷》終於完工！迪士尼將成品拿給一些片商看居然沒有人有興趣，不過迪士尼沒有放棄，繼續推出《飛奔的高卓人》，但反應還是很冷淡！在這關鍵時刻，迪士尼顯出了他的天才本色。當時世界上第一部有聲電影問世不久，迪士尼敏銳地感覺到聽覺對於卡通片的重要性。因此，第三部製作的米老鼠卡通《汽船威利號》就被製作成有聲卡通，該片也成為影史上第一部有聲卡通影片！1928 年 11 月 18 日

《汽船威利號》在紐約市的殖民大戲院隆重舉行首映，反應空前熱烈，許多人湧進戲院不是為了看當天上映的電影《幫會血鬥》，而是為了看電影前播出的迪士尼卡通《汽船威利號》！11月18日也就成為一般認定的米奇生日了。

身為世界級的卡通明星，米老鼠迄今為止一共主演了3部電影，參與演出了120部卡通片，並出現在10多種電視節目和數千萬的T恤衫上。

天才的星光大道

天才的迪士尼天才般地創造了米老鼠，也因此獲得奧斯卡金像獎的特別榮譽獎！50年代，隨著電視的興起，米老鼠轉進小螢幕，著名的「米老鼠俱樂部」隨之成立，這個歷史悠久的「影友會」一直持續到今天，至今還不斷有新會員加入。而令老鼠家族驕傲的是，在1978年米奇歡度50歲生日的時候，米奇的名字被刻在好萊塢的星光大道上，米奇也成為星光大道名人榜上第一位「非人」的明星！

以米老鼠為開端的迪士尼事業，在世界動畫片影壇上獨樹一幟。從1933年至1969年獲得各種奧斯卡35座，成為「得奧斯卡獎最多的人」。1955年他在美國西海岸的洛

杉磯市創辦了有名的「迪士尼樂園」，吸引了億萬遊客。1965 年，他又提出在東海岸的佛羅里達州的奧蘭多建立一個占地 11105 公頃的世界最大遊樂園「迪士尼世界」。1971 年這個遊樂園建成開放，從世界各地前來的遊客，在那裡不僅可以看到白雪公主和七個小矮人，同時還可以和穿著紅天鵝絨褲、帶著白手套的米老鼠握手言歡，一起照相留念。

魔法藥丸的神奇配方

米老鼠的魔法藥丸成就了一個震撼世界的奇蹟，締造了一個巨大的娛樂帝國！這神奇的魔法藥丸究竟神奇在什麼地方？讓我們看看魔法藥丸的配方：

【名　　　稱】米老鼠的魔法藥丸

【發 明 者】米老鼠、華德‧迪士尼

【成　　　分】合作力、想像力、市場需求、細節設計
　　　　　　　、冒險精神、戰勝失敗

【類　　　別】啟發管理與理財類藥丸

【性　　　狀】本品無色、無味

【功能主治】管理混亂乏力，財富創意能力弱，市場

　　眼光近視或者遠視，創業眼高手低，困
　　難畏懼症等症狀

【用法用量】思想服用，實踐檢驗。每日兩次，早晚
　　各一次

【禁　　忌】安於現狀者、知足常樂者禁用

驚風雨泣鬼神的神奇功效

　　迪士尼創始人華德‧迪士尼（1901-1966）上個世紀20
年代開始了動畫片的創造和製作。1923年，他來到好萊塢
發展。1928年，他和他終身的助手阿維爾克合作創造了後
來聞名世界的「米老鼠」的卡通形象。最初的兩部「米老
鼠」動畫片只是默片。隨後，迪士尼推出了第一部有聲動
畫片《汽船威利號》，並親自為「米老鼠」配音。這部影
片的成功使迪士尼開始了名為「頭暈眼花交響曲」的系列
卡通片的製作，其中最著名的是1933年出品的《三隻小
豬》。

　　1934年，迪士尼又開始向他多年以來的另一個夢想進
軍——拍攝故事片長度的動畫片。1937年，迪士尼第一部
長動畫片《白雪公主和七個小矮人》問世，並取得了重要
的票房成就。之後的重要影片《幻想曲》雖然一開始並沒

得到觀眾的認同，但卻為迪士尼的動畫片在藝術上贏得了極高聲譽。

第二次世界大戰期間，迪士尼公司如同許多好萊塢製片公司一樣，竭誠為反法西斯戰爭服務，拍攝了不少宣傳片。戰後，迪士尼又增加了故事片和紀錄片的生產，並於1955 年開辦了聞名世界的「迪士尼樂園」。

進入當代，迪士尼的動畫事業更加如日中天。90 年代生產的《美女與野獸》、《阿拉丁》、《獅子王》以及《海底總動員》等影片，或在當年的最佳賣座片中名列前茅，或破天荒地獲得奧斯卡最佳影片的提名，顯示了動畫片的巨大潛力。

迪士尼的事業迅速發展是 20 世紀的一大奇蹟，這個奇蹟不僅僅是因為他們締造了龐大的娛樂帝國，更是因為迪士尼帝國的特殊性──以創意取勝，迪士尼將文化和娛樂結合在一起誕生了如此強大的帝國，本身就是一個奇蹟。

請看迪士尼公司大事記，這是迪士尼輝煌的歷史記錄：

1901 年 12 月 5 日迪士尼生於美國芝加哥市，1919 年建立「衣維克、迪士尼廣告公司」。

　　1923 年 10 月成立「迪士尼兄弟製片廠」，同時與紐約卡通片發行商簽約拍攝《愛麗絲夢遊仙境》。

　　1924 年 3 月「愛麗絲喜劇」上映，深受好評。

　　1925 年將「迪士尼兄弟公司」的名稱改為「華德、迪士尼公司」。

　　1927 年製作「幸運兔子奧斯華」影集大受歡迎。

　　1928 年 5 月米老鼠系列片第一集《瘋狂飛機》上映。9 月，至紐約為《米老鼠》配音。11 月《汽船威利》上映。

　　1932 年首次推出彩色卡通片。

　　11 月，第一部彩色卡通片《花與樹》和「米老鼠系列」分別獲金像獎。

　　1933 年卡通片《三隻小豬》引起轟動。

　　1934 年卡通片《白雪公主和七個小矮人》開始製作。

　　1937 年卡通片《白雪公主和七個小矮人》獲特別金像獎。

1940 年《木偶奇遇記》和《幻想曲》先後推出。

1952 年成立「WED 公司」籌建「迪士尼樂園」。

1955 年 7 月「迪士尼樂園」建成並開放。

1964 年 8 月 27 日《歡樂滿人間》上映，並獲 3 項金像獎提名，同年 9 月 14 日，約翰遜總統授予自由勳章。

1966 年 12 月 15 日迪士尼病逝。

1971 年 10 月 23 日「華德・迪士尼世界」開幕。

米老鼠的魔法藥丸是迪士尼發展和壯大的最重要的輔助配方，在這神奇藥丸的幫助下，迪士尼在隨後一系列的商業創意和推廣中或所向披靡、或穩操勝券，取得了一個又一個的輝煌的勝利。《白雪公主和七個小矮人》的製作成功體現了迪士尼的精神——合作的羅盤、開拓的狂飆；《小飛象》的大膽想像，使得迪士尼用想像力征服世界，這部影片告訴人們想像力是無價的財富；米老鼠形象的成功製作體現了迪士尼動畫面對市場面對觀眾神奇的創造力，這部影片告訴人們迪士尼之所以讓顧客為自己如癡如狂的秘訣，這是迪士尼發展歷史上重要的一筆；《木偶奇遇記》展示了迪士尼動畫製作中精益求精的精神，揭示了

四兩撥千斤的作用；《獅子王》的成功震撼了整個世界，它使迪士尼的發展和拓展充滿了勇敢和冒險，這是商業社會中企業生存的血液；《幻想曲》的票房雖然慘敗，但是迪士尼坦誠地接受並總結出了一個顛撲不破的真理：沒有幻想，就沒有凱歌！

假如你懷疑米老鼠的魔法藥丸是否具有廣泛性，本書給予你的回答是肯定的。多少年來，迪士尼用這些基本的配方來改善他們的服務、生產和內部的運行，同時還創造了一種快樂的氣氛，創造了一個個驚人的奇蹟。迪士尼的成功是多種信條綜合作用的結果，在真實的迪士尼的歷史中，我們看到了永不衰竭的力量！

目　錄

編輯室報告　2

序　言：魔法藥丸的財富配方　4

第1章　《白雪公主和七個小矮人》：合作的羅盤，開
拓的狂飆　15

第一節　高效的團隊是一張王牌　17

第二節　合作——不敗的商業戰略　28

第2章　《小飛象》：用想像力征服世界　39

第一節　誰說大象不能飛翔？　41

第二節　想像力經濟時代的超級英雄　48

第三節　迪士尼魔力的啓示　62

第3章　《米老鼠與唐老鴨》：讓顧客爲你癡狂　69

第一節　顧客也瘋狂　70

第二節　顧客也是賓客　93

第4章　《木偶奇遇記》：魔鬼存在於細節之中　107

第一節　迪士尼的魔鬼細節是這樣煉成的　109

第二節　細節管理，大有可爲　119

第5章　《獅子王》：讓夢想再冒險一點　131

第一節　冒險者的血液，挑戰者的姿態　133

第二節　迪士尼的冒險突圍戰略　147

第6章　《幻想曲》：我們歡迎失敗　163

第一節　《幻想曲》不是失敗的哀歌　166

第二節　帝國的困頓與突圍　193

後　記　如何配製你自己的魔法藥丸？　212

參考書目　217

第 1 章

《白雪公主和七個小矮人》：合作的羅盤

開拓的狂飆

1937年1月13日，世界上第一部彩色動畫電影《白雪公主和七個小矮人》問世，這部動畫片是美國的迪士尼根據德國古典童話《格林童話》中的一個故事改編而成的。

這部迪士尼第一部動畫片稱得上是華德‧迪士尼的心血之作，由於他對於每個畫面力求完美，因此製作預算節節攀升，拍攝此片時捉襟見肘、到處舉債借款，最後甚至連片場都抵押給了銀行！《白雪公主和七個小矮人》的成功與否成為華德一生中最大的賭博！幸好本片上映時獲得了空前成功，片中歌曲也都風靡一時。《白雪公主和七個小矮人》從此改寫了影史，它擁有了一堆耀眼的頭銜——「世界上第一部動畫電影」、「世界首部發行原聲音樂的電影」、「世界第一部使用多層次攝影機拍攝的動畫」、「世界首部舉行隆重首映式的動畫電影」。

該片在1998年被美國電影協會選為「本世紀美國百部經典名片」之一，曾獲得「奧斯卡特別成就獎」及數項奧斯卡提名。在奧斯卡頒獎典禮上，迪士尼說：「《白雪公主和七個小矮人》在電影界是一個偉大的創新，它不但風靡數以百萬的觀眾，更為動畫影片開創了全新的娛樂領域。」

第一節　高效的團隊是一張王牌

　　企業以人爲本，企業的發展實際上是建立在人的動力基礎上，一個企業如果損害了員工的積極性，忽視整個集體的創造性，將無異於自掘墳墓，更難享有持久的繁榮。充分進行企業內部溝通，營造信任氛圍，是一個成功的領導者的明智之舉。加強企業內部溝通，也是有效整合人力資源的一個主要措施。加強內部溝通，可以建立企業成員間協作時的信任感，培植融洽，和諧的工作氛圍。尤其是企業的領導層加強與員工之間的溝通，可以博得員工對企業的信任和熱愛，有利於激發員工的工作士氣。領導者要注意自己的言行，做到內外一致。要仔細傾聽員工發表意見，並揣摩其心態，將心比心，充分理解和尊重員工，這既可建立自己的可信度，也是贏得員工信賴的關鍵。

　　迪士尼帝國的締造者華德‧迪士尼對於團隊的智慧非常重視，他說：「我絕不敢自詡爲全才。」，「我接受我遇到的普通人意見，我爲公司裡緊密團結的隊伍感到自豪。」

　　華德·迪士尼永遠承認合作對於他偉大事業取得的成就的價值，認為正是團隊合作的精神造就了他那偉大而直接的大兵團。在任何情況下，他對團隊概念的信任都表現在他的電影和整個公司裡。事實上，團隊工作是他和他的名言——「做我們的客人」中所包含的重要成分。要想做到超越客人的期望，就需要有整個隊伍的良好合作，隊伍中的每個人都要發揮重要作用。

　　華德·迪士尼繼任者繼承了團隊態度和精神。在動畫故事片領域，迪士尼公司利用集體的智慧，透過長期的工作過程來確定各種產品的價值觀念。首先，製作動畫片的總裁和副總裁以及經理邁克爾·艾斯納和董事會副主席羅伊·迪士尼一起討論各個部門彙集的意見，確定最佳方案。公司裡沒有人可以宣稱擁有所有權。隨著工程的進展，導演、藝術指導、幕後指揮全都加入到獻計獻策的計畫討論中，討論最終達成一致。團隊繼續從事長期的動畫繪圖、拍攝、配音、剪輯，一直到電影拍完，準備放映。

一、《白雪公主和七個小矮人》：合作與開拓精神最好的註腳

　　團隊精神使用的良好例子幾乎在迪士尼所有的電影裡

都可找到。但《白雪公主和七個小矮人》的製作最能說明華德・迪士尼對這種價值的信念。對我們大多數人來說，那七個性格鮮明的人物——開心果、瞌睡蟲、博士、害羞鬼、打噴嚏、愛生氣和糊塗蛋，都曾是我們兒時的朋友。他們每個人都依其鮮明的個性被精心繪製但我們卻永遠把他們當作一個集體，他們總是吹著快樂的口哨一早開始工作。華德・迪士尼有意使這共同努力的要領成為劇本的一部分。七個小矮人的天賦和個性都不同，但透過共同努力，他們能實現共同的目標。

　　在《白雪公主和七個小矮人》的製作過程中，華德・迪士尼在編劇和藝術家中指定了一個小組，在與他相鄰的一間辦公室裡工作。到1934年下半年，華德・迪士尼已經把原來的故事草擬成一個劇情大綱。白雪公主的外型是按照一位14歲的女孩子的模樣描繪的，王子則是以一位18歲的男孩子作模特兒；皇后是貴婦和大壞狼的混合體，她美而邪惡、成熟、曲線突出，當她調製毒藥的時候就顯露出她的醜陋兇險，魔液使她變成一個老巫婆，她的言行俗氣而誇大，近乎荒謬。

　　每一個小矮人都要有容易辨認而又討人喜歡的特徵和

特性。華德‧迪士尼發現要定出七個小矮人的形象很困難，他於是按照他們的特點定出名字來，列出了一條單子：

「開心果」——是一個樂觀的人，感情豐富，喜歡說一些快樂的格言。講話的時候下巴會脫臼，這樣就使他說講話時顯得笨笨的，常常能夠給人帶來快樂。

「瞌睡蟲」——他毫無心機，經常打瞌睡，老是拍打落在鼻尖上的蒼蠅。

「博　士」——小矮人的領袖和發言人，講話文謅謅的，很有分量，他的樣子顯得很莊嚴、穩重，但很自大，自覺高人一等，往往言多於行。

「害羞鬼」——很害羞，因為額頭高凸而不敢脫掉帽子，常常臉紅，行動拘謹，侷促不安，喜歡傻笑。

「打噴嚏」——魯莽，神經質，像一個經常害怕、被別人當傻瓜看待的年輕人，容易興奮，口齒不清。

「愛生氣」——憂鬱、悲情，憎恨女人，對現實心懷不滿，是最後一個和白雪公主做朋友的人。

「糊塗蛋」——聾子，聽人講話時很集中精神，動作敏捷，快樂。

其實，華德・迪士尼給這幾個小矮人起的名字是具有很高超的創意的，這七個小矮人分別代表了一個人的性格中不同的方面，每一個人的性格都是比較複雜的，都會有快樂、懶惰、穩重、害羞、魯莽、憂鬱等，只是程度不同而已，這性格雖然各個不同但是都統一在一個人的世界裡，華德・迪士尼非常巧妙地為這七個小矮人命名，實際上是對人性的分解和誇張性的演繹，形象生動而又具有深意，可以說是對《格林童話》的創造性改編，這也顯示了華德・迪士尼本身的才華。

華德・迪士尼直接和白雪公主小組共同創作、工作，同時又要監督指導卡通短片製作，他在劇本部的備忘錄中專門談到了一些「故事」，他說：「我認為劇本部是我們的心臟。我們需要人來編寫好的故事，他不但要能夠想出好故事，而且還要把他所想的表達出來，讓那些拍攝卡通的人也能夠完全瞭解。因此我們必須找到這樣的人來改編劇本，而且必須有所選擇地找，不能來者不拒。對那些人，還要加以試用，再予培訓，使他們發揮出他們的才

能。如果他們表現不夠好，那我們就得儘早請他們離開。」

華德．迪士尼認爲以前的迪士尼卡通裡的人物都過度卡通化，現在必須要畫得眞實一點，以樹立大衆能接受的白雪公主和王子的形象。他在《胡鬧交響樂隊》中的《春之女神》裡，把春之女神畫成了一個眞實的女孩子作爲試驗，以作爲白雪公主的雛型，但效果不好，於是找了一位年輕的舞蹈家瑪莉．詹賓來，拍攝她走路、轉身的姿態，讓卡通畫家尋找靈感。華德．迪士尼又用「多平面攝影」的辦法解決了卡通畫的平板問題。平面的卡通的技術只能在八分鐘的長片就只能用新的技術，也就是用攝影機的焦點穿過多層的畫面，以產生和拍攝眞人電影一樣的效果。《白雪公主和七個小矮人》的工作小組繼續研究故事裡的角色和故事，「神經」被改爲「噴嚏」，而那個還沒有命名的第七名小矮人變爲不夠聰明的「啞巴」，並命名爲糊塗蛋。

1936年，華德．迪士尼集中了所有傑出的人才來攝製《白雪公主和七個小矮人》，他親自監督和參與階段的工作，徵求大家的意見，並參加觀看試片，這也是迪士尼集思廣益的最好的案例。

《白雪公主和七個小矮人》的製片費用超出了原計畫的3倍，花了將近200萬美元。很多人都認爲這部片子一定會使華德·迪士尼破產，稱之爲「迪士尼蠢事」、聯藝公司對這部卡通長片也不感興趣。

　　但是，迪士尼兄弟的好朋友，美國最大的電影院「無線電城音樂廳」的經理——凡·舒莫斯對這部影片卻很有信心。他是付出最高的租金來租放《米老鼠》和《胡鬧交響樂隊》的人，他每次到好萊塢時，一定會去迪士尼製片廠走一趟。

　　迪士尼和聯藝公司的合約在《白雪公主和七個小矮人》快拍攝完成的時候到期了，聯藝公司堅持要享有把卡通影片租給電視播放的權利，華德·迪士尼不答應。這時候，RKO公司向他們提出了較好的合約，華德·迪士尼於是和RKO公司簽訂了合約，由他們來發行《白雪公主和七個小矮人》。

　　《白雪公主和七個小矮人》於1937年12月21日在美國洛杉磯哥特圓球戲院首演，獲得了很大的成功。好萊塢的大人物都到場了，他們走出豪華的轎車接受廣播訪問，盛讚華德·迪士尼，在戲院裡，大家都爲「糊塗蛋」的滑稽

動作而大笑不已，爲「白雪公主」的「死」而哭泣。影片結束的時候，全體觀衆都站了起來，大家互相歡呼致意。

《白雪公主和七個小矮人》三個星期之內打破了無線電城音樂廳票房的所有記錄。7個小矮人，尤其是「糊塗蛋」，立刻成爲大衆喜歡的偶像。《白雪公主和七個小矮人》發行了6個月就幫助迪士尼兄弟還清了債務，第一次發行就賺了800萬元，這極爲難得，因爲那時候的電影票一張只是2角3分，而大多數的小孩，只收1角。《白雪公主和七個小矮人》的成功，是世界上第一部動畫電影的成功，它爲迪士尼以後的發展和壯大奠定了堅實的基礎。

二、合作的品質是決定成敗的瓶頸

華德‧迪士尼當然是一個走運的人，多次成功使他成爲世界各地的文化名人。但即使他受惠於創造性的天才，娛樂的本能和敏銳的商業嗅覺，他也很早就意識到單靠一個人是不行的，只有透過合作才能獲得成功。

早期，華德‧迪士尼的哥哥是他的財務大臣。要不是和他的兄弟羅伊的合作，華德‧迪士尼還是一個默默無聞的動畫片繪畫者和卡通製造者。當迪士尼影院在1923年開

張時，羅伊把他的200美元全都投資在此冒險事業上，而早期正是羅伊把財務接管了過來。如果沒有羅伊的幫助，米老鼠、唐老鴨以及其他可愛的迪士尼人物完全有可能只是存在於華德‧迪士尼的想像中。

合作並不是說說那麼簡單。華德‧迪士尼知道，兩個人不僅在工作上是合作夥伴。在生活中也應當保持一種親善密切的關係。畢竟，合作關係是對未來的一種投資，和其他投資一樣，它必須得到精心的呵護和熟練的管理，才能產生最好的回報。這種投資的風險更大。人與人之間的關係是複雜的。合作需要相互信任、相互真誠、相互監督，所以，在合作關係進行時，還應當瞭解你的合作夥伴，要選擇與自己有不同價值，可以互補的合作者。迪士尼成功後曾經吸引了大批優秀的動畫片畫家來與他合作。本‧奧普斯廷是在東海岸的赫斯特‧特里圖恩斯和弗萊謝爾等製片廠工作了幾年後橫越美國遠道而來的。弗萊謝爾製片廠《安迪‧風普》一片的創作者戴夫‧漢德也是如此；還有弗萊謝爾的動畫片繪製者魯迪‧絜莫拉；還有紐約獲‧比倫製片廠動畫片導演湯姆帕爾默；弗萊謝爾的優秀編劇之一特德‧西爾斯；赫斯特國際公司的伯特‧吉勒特；佈雷製片廠的傑克‧金；以及赫斯特國際公司笑話作

者韋布·史密斯。他們來到西部都希望為華德·迪士尼工作。為了得到為華德·迪士尼工作的權利和創作自由的保證，受雇者必須同意接受遠低於他們原來工資水準的薪資。

後來的一次教訓是華德·迪士尼在家庭外的第一筆交易中得到的，這是他與發行商在發行電影《奧斯瓦爾德·兔》卡通片時付出了痛苦的代價才得到的。最初，迪士尼與紐約的影片發行商瑪格麗特·溫克勒簽了一份合同。麻煩開始於她結婚了，她的丈夫查爾斯·明茨接管了她的事業。在1926年與環球圖片公司的一次交易中，明茨要迪士尼兄弟——（他總是把兩兄弟稱之為「鄉下佬」）—編創一個新的卡通片與當時非常受歡迎的電影《費利克斯貓》競爭。結果是富於想像力的、成功的《奧斯瓦爾德》系列取勝。

然而，明茨決心獲得迪士尼製片廠。當發行合同到期時，他縮減了製片廠三分之一的工資，威脅說要接管操作權。最終，根據合同，他擁有了《奧斯瓦爾德》。華德·迪士尼遭到了嚴重的打擊，但他別無選擇，只能遵守合同。

不過，那個合同只限於《奧斯瓦爾德》，華德・迪士尼還可以自由編創其他新的動畫人物。最終，《奧斯瓦爾德》的失敗被證明是事件偶然的轉機。因爲失敗的合作導致了米老鼠的誕生。但華德・迪士尼絕不會忘記，與具有同樣心計的人合作對成功是很危險的。你只需看一下完全是死乞白賴的合作導致的失敗，就能明白華德・迪士尼早期職業生涯裡得到教訓的價值。富於哲理的和文化上的差異經常被當作這些合作會失敗的原因。

第二節　合作－－不敗的商業戰略

一隻獅子和幾隻狐狸合作，幾隻狐狸負責發現食物，獅子負責捕殺食物。大家協調好了，將得到的食物一起分享，這樣的話大家都不會餓著了。但是過了不久，這幾隻狐狸心裡就不平衡了。因為牠們總是能夠很快發現食物，但是每次捕食以後獅子由於捕食有功所以得到的很多，而這幾隻狐狸得到的卻很少。於是，這幾隻狐狸就離開了獅子，自己去尋找食物。第二天，狐狸們去農戶的雞窩偷雞，被獵狗全部抓住了。

這個故事告訴人們，一個團隊的力量是由各個部分的力量組合起來的，離開了團隊的人，就像失去力量的狐狸一樣，是難以捕捉到食物的。

當代社會的各個行業都是走向規模化發展，一個工程往往有眾多的人和團體來參與，各司其職、互相合作、互相配合，而且這些工程本身比較複雜。如果各個部分之間不能夠平等、和睦的相處，不能夠互相合作，那麼這項工程就無法進行，任何一個個人也無法承擔這樣的工程。所以智者做事總是能夠將自己成功地融入一個團體中，利用

團體的力量順利地解決個人無法完成的任務。愚蠢的人則往往沒有團隊精神，在做事過程中四處碰壁、事與願違。

團隊是一個由少數成員組成的小組，小組成員具備相輔相成的技術或技能，有共同的目標、有共同的評估和做事的方法，他們共同承擔最終的結果和責任。在團隊定義中有以下幾個要素：

1、少數成員：一般指2—25人，最好在8—12人之間。

2、相輔相成的技能：每一個成員應帶來不同的技術或技能，他們或是功能部門的專家，或是技術性較強的員工等，有能力解決問題和做出決策，每個成員有與別人溝通的技能，他們能冒一些風險，可以提出有建設性建議和批評，能聽取不同成員的意見。

3、有共同的目標、共同的評估、共同承擔責任，整個團隊有共同做事的方法，如共同的時間表、共同的一些活動等。以IPD為例，當有跨部門的團隊（PDT）成立後，他們對最終的新產品開發共同承擔責任，新產品的成功或失敗就是整個團隊的成功或失敗。

在簡單組成的一群人中每個人本身是獨立的，他們的目標各不相同，有著不同的活動。而一個團隊的人是有共同目標的，他們互相依賴、互相支援，共同承擔最後結果：

1、團隊成員之間爲了完成任務，相互支援、相互依賴。而一群人是獨立的完成任務。

2、團隊成員有共同的目標，有相同的衡量成功的標準。而一群人內部沒有統一的衡量標準。

3、團隊成員之間相互負責，共同承擔最終的對產品或服務的責任。而一群人中沒有最終的責任人。

一、迪士尼的團隊合作技巧

一般一個團隊的發展分成四個較大的階段；

第一階段（Forming）：即團隊的形成階段。剛開始時，大家都很客氣，互相介紹、認識，在工作中逐步建立彼此間的信任和依賴關係，取得了一致的目標。

第二階段（Storming）：即團隊的磨合階段。大家對事情意見不同，互不服氣。不服從領導、不願受團隊的紀

律約束的現象時有發生。

第三階段（Norman）：即團隊的正常運作階段。大家對自己在團隊中擔任的角色和共同解決問題的方法達成共識，整個團隊達到自然平衡，差異縮小，隊員之間互相體諒各自的困難。

第四階段（Performing）：即團隊的高效運作階段。隊員之間互相關心、互相支援，能夠有效圓滿地解決問題、完成任務。團隊內部達到高度統一，最終共同達到目標。

在不同的公司，團隊的發展都會經歷這四個階段，經過這四個階段後，團隊的效率將逐步下降，因為同一群人工作太久，團隊內部缺乏新意，沒有新鮮血液補充進來。身為一個不斷改善的團隊，要不斷進行批評與自我批評。一個專案做到一定階段，可以做一個評估，看看哪些同事需要改善。提出自己的意見是你對其他隊員的一個很好的禮物，但提出意見之前一定要考慮是否有建設性，是否有利於整個團隊的提高。每一個成員必須認真傾聽別人的意見，虛心接受批評，重要的是要學習別人的優點，在學習中不斷完善和提升自己。因為每一個人都有優缺點，團隊

最好的搭配是互相截長補短，所有內部的意見要經過充分的討論，最後達成團隊的共識。在團隊中接受批評有幾種方法，比如要別人填表格、寫出對你的感受，你就可以知道別人是怎樣評價你的。每一段時間用「隊醫」（每一個隊員都可以是隊醫）診斷團隊存在的問題，是隊員之間協調不好，還是和管理層有衝突等，把它記錄下來，然後大家討論如何改善，從而提高團隊的凝聚力。

迪士尼的電影製作過程通常是最大限度地調動集體的力量，因為集體的智慧是無窮的。集體智慧的具體表現形式就是集體公開討論的方式。

這種後來逐漸發展的所謂集體公開討論的方式，最初是華德‧迪士尼想出的，是一種合理追蹤一部由上千幅草圖構成的動畫故事片的方法。迪士尼還讓藝術家們把自己的草圖按照次序釘在工作室的牆上，這樣他就可以很快地看出專案的哪一部分已經完成，哪一部分尚未完成。

自迪士尼的動畫事業創始之初，這種技術已經普及到許多方面。廣告代理商們現在使用這種集體公開討論方式來起草他們的廣告圖，然後再將它們拍成廣告片。故事片中的一些場景經常在第二天拍攝之前用這種方式進行集體

的公開討論。編輯們和導演們利用這個方式作為工具來編輯圖畫書。這使他們得以直觀地看到最後形成的圖書將會是個什麼樣子，並且確保每一頁之間具有一種可靠的邏輯性。

但是這種集體公開討論方式並不限於藝術創作。我們向一些公司建議說，集體公開討論可以有效地將公司任務責任書概念化，並且為製造控制系統創造出最佳可行方案，它還能為公司的改進提供技術上的計畫；把創意和建議張貼出來已經成為分析工作困難、研究問題之所在、找出集體解決方法的第一步工作。任何過程都可以用這種方法公開地展示。

集體公開討論是一種創造性的、有效的解決複雜問題的方法。這些複雜的問題有時令人十分頭痛。然而集體公開討論能夠將問題化解成一些較小的、易於管理的部分，並且能集中集體的力量，就問題的具體方面逐個進行解決。當創意和建議被展現在一面牆上時，人們便能夠看到，而且按照更合理的方式，由參與者重新組合安排。這樣問題的障礙就一一化解了。

沒有任何別的計畫、技巧能夠提供集體公開討論這種

靈活性。在本章中,我們將精確地解釋集體公開討論的工作原理。我們將舉出一系列的、實際運用中的例子。當你讀到各種不同類型的公司是如何成功地運用這種工具解決一系列問題時,應該考慮一下在自己的公司實施這種技巧。

當1928年華德·迪士尼想到這個集體公開討論的技巧雛型時,卡通動畫和我們今天看到的彩色和複雜的動畫還相去甚遠。完整的動畫故事片當時仍然是一個夢想。但這正是當時華德·迪士尼要努力實現的目標。為了這個目標,他繪製了成千上萬張草圖,而當時拍攝一部完美的動畫片並不需要這麼多。

完成的草圖按照事先定好的解說順序堆放成一摞,然後由攝影師來拍攝。員工們則在一間審片室裡觀看。但是隨著草圖的大量增加,要不了多長時間,這些草圖就會堆滿整個工作室。為了有一個良好的順序,並且便於電影中故事的順利發展;華德·迪士尼指示他的藝術家們將他們的草圖展示在一個巨大的纖維板上。這塊纖維板有8英尺長、4英尺寬。

後來不僅完成了草圖,早期的初稿也被釘在了這塊板

子上。如果故事的發展有問題，或者是一個卡通人物未能按華德‧迪士尼的要求成型，就可以在昂貴的動畫製作開始之前進行改動。這塊釘故事梗概的纖維板使華德‧迪士尼能夠自由地實驗，並且把各種草圖來回調換、改變方向，插入他認為過去遺漏的東西，或是去掉一些他認為沒有意思的圖片。這一切都能在動畫師花大量的、艱苦的勞動製作最後細節之前進行。

幾十年之後，也就是在60年代，當華德‧迪士尼的員工們體認到這種方式對問題的解決和加強各部門之間的聯繫具有重大意義時，又重新使用這種方法，進行華德‧迪士尼的員工培訓。

這一經過完善了的集體公開討論概念，如今被用於各種場合，解決各種問題，因為它引入了一種直觀的、更簡便的相互聯繫方式。當參與者們把他們自己的建議和想法釘在牆上的時候，團隊就開始討論各種可能的解決問題方案。

二、華德‧迪士尼充滿活力的合作制度

很顯然，合作夥伴制度是華德‧迪士尼商業戰略不可分割的一部分，是經濟蕭條時期的生命線。僅在30年代，

一系列的合作制度——從單一的與彩色電影簽經營合同，把米老鼠的畫像印在玩具和衣服上，到與聯合報業連環漫畫的交易與出版米老鼠書籍的交易——把公司從破產的邊緣上拯救了出來。在華德·迪士尼職業生涯的這一特殊時刻，從卡通片所得的收入不過是涓涓細流。因此，合作夥伴制度對於生存是至關重要的。

在20世紀50年代建立迪士尼樂園時，華德·迪士尼再次發現自己缺少資金，即使是美國廣播公司投資50萬美元，並保證450萬美元銀行貸款使完成這一樂園的資金高達1700萬美元。華德·迪士尼以壽險換取資金，然後開始尋求其他方式彌補資金短缺，他提出的這一革新方式是由大公司贊助的，事實上，這是另一種形式的合作夥伴關係。他與可口可樂公司、柯達公司簽約，在迪士尼樂園給它們極大的優惠。他們同樣還和小的、無名的合作者簽約，甚至允許胸罩製造商及房地產代理商在樂園裡開辦商店。

在建立迪士尼世界時，他採取了同樣的方針，諸如與美國電話電報公司及在未來實驗原型社區（EPCOT）的通用汽車公司簽約。

事實上，EPCOT是對合作夥伴制的一個證明。當邁克

爾·艾斯納和弗蘭克·韋爾斯於1984年接任迪士尼公司的管理時，華德·迪士尼已去世18年，也就是迪士尼世界開辦13年後，這些最早的合作夥伴關係，每年仍然為迪士尼金庫帶來數千萬美元的收入。

雖然迪士尼公司合作制常常為避免大的災難而發揮保護作用，公司卻從未簡單地把合作夥伴制看作是由於市場因素而強加於其上的彌補措施。相反，合作制度被看作是公司未來繁榮的長期投資。大公司的贊助及他們獲得的收入支援著這一點。但公司不斷地證明，像華德·迪士尼做的那樣，合作必須對雙方有利，如果他們都能接受的話公司的員工必須自願為公司做出全部的奉獻，絕對信任並有效地與合作夥伴交流。即使這種關係是商業交易、個人的交往，也都可能會有助於鞏固這種合作關係。

為表示公司是多麼地重視人與人的聯繫，艾斯納早在1996年迪士尼娛樂公司和美國廣播公司合併之前就舉辦了一個3天聚會活動，公司的總經理邀請了200人——公司工作人員及他們的配偶（來自ABC電視臺、迪士尼公司、佛羅里達州的迪士尼學院），這樣兩家公司就能建立一個更有人情味的密切關係。

迪士尼公司的現任首席執行官艾斯納非常明白，如果任其自行其是，那合作注定要失敗，它需要呵護、扶持、動腦筋，甚至校正。這種合作夥伴關係既是脆弱的，又是富有彈性的。

第 2 章
《小飛象》：用想像力征服世界

上世紀40年代初，迪士尼卡通片在美國電影市場上扮演了極其重要的角色，一部充滿想像力的《小飛象》在1941年的票房排行榜上勇奪亞軍，成績僅次於當年的第一名《約克軍曹》。

《小飛象》是迪士尼公司最具代表性、膾炙人口的卡通長片之一，它榮獲了1941年第14屆奧斯卡最佳歌舞片音樂金像獎！小飛象誕生時有一對巨大的耳朵，因受到其他動物的嘲笑而感到失望，幸運地得到了一隻充滿愛心的老鼠名叫蒂蔓斯的鼓勵，小象決心努力表現。終於成為馬戲團中高空表演的明星。

本片是在珍珠港事件爆發前兩個月上映的，到耶誕節時，該片已經在全美掀起一股風暴。《時代周刊》別出心裁地評選當伯為當年的風雲人物，並稱「這位新人在一個戰爭年代裡幾乎成了兒童王國的主宰」。

第一節　誰說大象不能飛翔？

　　迪士尼的成功是從一個米老鼠開始的，這重要的開端實際上是一個看似微小但是卻很有價值的創意。迪士尼之所以能夠很快發展成為巨大的娛樂帝國，基本上緣於生生不息的神奇的想像力。這其中，最有代表性的則是他們設計的小飛象——強寶。按照很多人的常識，大象是一種非常笨重的動物，大象與飛翔永遠是不可能聯繫起來的，但是迪士尼的動畫設計者們就能夠突破這種常規思維，展開他們豐富的想像力，設計出一隻能「飛翔」的大象，獲得了很大成功。

　　把想像力變成有創意的動畫片，是需要強有力的執行力的，同時也需要嚴格的操作程式，這是迪士尼管理中很有特色的地方。因為單純的想像並不是一件很難的事情，年幼的兒童基本都能夠有很好想像力，單純的動畫製作也不是很難的事情，一般的技術人員都有這個能力，但是把想像力變成吸引人的動畫片，這就需要極高的智慧和科學的管理方法。迪士尼就做到了！

一、神奇的想像力締造了偉大的夢幻王國

華德·迪士尼的一生有過許多失敗，而每一次失敗都成爲他神奇靈感產生的源泉。1940年，《白雪公主和七個小矮人》使他一舉獲得成功。該片使他獲得800萬美元的收入，那時成人票價每張僅爲25美分，兒童票價每張10美分；爲此，迪士尼決定按《白雪公主和七個小矮人》的思路制定戰略決策。

隨後，他又將國際上知名的童話人物「小木偶」作爲娛樂節目開發。爲了使皮諾曹動畫片超過《白雪公主和七個小矮人》，瓦爾特花了大量功夫反覆推調論證，但《小木偶》效果卻出乎意料的糟糕。

當時，整個世界處於「二次大戰」的戰爭狀態，悲哀的人們處在失望和恐懼中，誰也無心娛樂。這部影片耗去瓦爾特大量心血，卻竹籃打水一場空。他並未因此氣餒。他在紐約花錢聘用11個侏儒，化裝成木偶般人物；他們在無線電音樂廣場喝醉酒，然後用俏皮的畫面和動作吸引小觀眾，並且免費讓孩子們享用點心。但臺上除了11個喝醉酒的小矮人在亂舞之外，臺下幾乎無人發笑。隨後，警察衝上臺把11個小矮人趕走。無奈的瓦爾特再次失敗並且負

債累累，但他仍沒喪失建立娛樂王國的信心。妻子反覆問他：「你為什麼老想著要做那個？娛樂業在人們眼中已成為不毛之地，你繼續做下去必然徒勞無功。」而瓦爾特的回答卻是：「我就是要把它變成富饒的娛樂之地。讓人們感受它的魅力。」

80年代以來，迪士尼公司成為好萊塢最具神奇魅力的製片公司，諸如《獅子王》等動畫片打破了好萊塢一個又一個紀錄。不僅如此，公司製作的電視片、創辦的特色飯店、出版的圖書、生產的玩具、構思的主題公園都曾創下世界之最。任何人只要打算度假遊玩，就一定會想到迪士尼樂園。即使在1994年的經濟蕭條時期，迪士尼公司的發展也不曾減緩。

迪士尼樂園不像電影，它必須在創意和想像基礎上不斷創新。1955年，瓦爾特憑著30年的電影經驗和無盡的想像力開始設計娛樂園。他聘用的專業人員均為無與倫比的想像家。和其他娛樂場所不一樣的是，迪士尼樂園只有一個入口，遊客透過那扇奇妙的大門，都能賞心悅目地領略到它的神奇魅力。

二、將想像未來作爲賺錢機器

迪士尼公司懂得怎樣從現有的技術領域和資源開發娛樂專案。爲此，公司出鉅資2000萬聘用怪誕幻想家布蘭·費倫。一方面，費倫花錢把自己的車外殼全部改裝成奇形怪狀的甲殼蟲；另一方面，他又把餐桌改裝成可按照就餐人身材調節高低的水壓式平臺；更怪的是他把家裡的衛生間改裝成離奇古怪如潛水艇的操作室。他就是迪士尼公司的「未來」工程總設計師。

格蘭代爾是迪士尼公司的基地，費倫是2千臺機器人和100多個主題公園的設計師、空間工程師、雕刻師以及其他手工藝人的「思想庫」。在這裡，所有雇員都被稱作「想像家」，他們的工作場地被稱作理想實驗室或夢幻工廠。費倫的工作場地被稱作理想實驗室或夢幻工廠。費倫聘用了四名世界一流的電腦和人工智慧專家，其任務是爲迪士尼公司設計取代過時的娛樂方式，並在世界娛樂業繼續獨佔鰲頭。迪士尼公司的眞正目的是要找到一種能開拓最新技術以確保其領先世界娛樂業，永遠成爲大衆娛樂的王國。

迪士尼公司向人們展示自己的傑作同時也十分保密。

當今的迪士尼公司總裁艾斯納解釋道：「最先進的娛樂專案都不會公諸於世。有人預測，新世紀世界將會毀滅，也有人認為人類將另尋可供生存的行星。人類已進入21世紀，他們對未來是樂觀的，因此我們也很樂觀，人們一定會有更加豐富多彩的娛樂方式。艾斯納先後在世界各地創辦了「迪士尼樂園」、「明日世界」、「未來世界」等遊樂場所，並且還為他的遊樂園設置了「太空垃圾」收集系統。

　　迪士尼公司不僅為客戶尋求未來樂趣，同時也扮演人類未來的嚮導，在迪士尼公司的所有樂園內用電視播送專題節目：「人在太空」、「人和月球」、「火星及其他」。在德國火箭科學家溫納‧馮伯朗的幫助下，迪士尼公司將科幻小說、火箭類比技術引入遊樂園，給兒童增添了無盡的樂趣，讓人們領略到了月球旅行，到火星上生活和其他富於幻想的感受。早在50年代，美國總統艾森豪威爾就稱瓦爾特‧迪士尼為「人類技術進步的嚮導」，並感謝他為美國最初的太空計畫奠定了基礎。當時，總統下令將其圖片貼在五角大樓內最醒目的位置，以顯示美國未來的太空戰略。

　　迪士尼公司究竟賺了多少錢，誰也不知道，但它卻成為世界上當之無愧的娛樂業第一品牌。並且，在美國歷次娛樂大比拼、大併購的過程中，迪士尼公司都能穩住陣腳。迪士尼公司靠的是什麼？分析人士認為，未來概念就是迪士尼公司取之不盡的財源，它在充滿商業性的同時也給予人教益。建於迪士尼樂園內的蒙桑托未來宮，外表全是用四菱形纖維羽翅做成，內部設施則佈滿了大螢幕電視牆、超聲洗碗機、自動電話、懸浮吊燈、天氣控制系統等模型。這些模型均用仿真材料做成。10年後，迪士尼公司將其全部銷毀，更新換代。

　　未來本身就是一個故事，預測未來就是告訴人們未來將要發生的事，以期拋棄自滿、追求明天。迪士尼公司最初創辦遊樂園曾受到愛德華·伯萊米在1888年出版的《回首往事》一書的影響。該書對美國社會影響極大。小說中的年輕主角翁朱廉·威斯特一覺睡到2000年，醒來時發現他那個時代的腐敗已蕩然無存，瘟疫又銷聲匿跡。應該說，像伯萊米這樣的未來想像家，對當時的技術進步發揮了一定的促進作用。有人認為，諸如《500年三角洲》、《第三次浪潮》、《夢幻》、《科學變革21世紀》、《數位時代》、《未來之路》等書均受《回首往事》的影響。

1966年，華德‧迪士尼去世，迪士尼公司的未來主義曾一度被打入冷宮。直到70年代技術革命再度興起，迪士尼公司的繼承人創辦了「明日世界」，才使其再度興旺。不過，他們已與前輩大相逕庭，他們所創造的未來世界是「思維機器」、「克隆技術」、「太空旅行」。正如費倫所說：「現代人已不再企盼技術革命，因為他們已夢想成真。而我們的未來不應是夢想家那種不切實際的幻想，而應該是對未來更美好的感受。」

　　明斯基是迪士尼公司的另一傑出想像家。他是畢業於麻省理工學院的人工智慧專家，在迪士尼公司智慧實驗室工作。他一直在電腦上研製類比人腦並替代人腦的智慧。應聘前來迪士尼公司的原因，是因為他發現這裡的人工智慧實驗專案更具有發展潛力。明斯基和費倫一樣也是幽默的怪人，不同的是：費倫因工作性質多數時候要動腦。而明斯基則說：「我信仰的是我的世界和科學。我從來就不認為教皇真的相信上帝，他的教徒可能相信，但他自己不會。然而我對人類無法到達的天國感興趣，因為在那裡我能找到真正的時空觀，在那裡或許能發現人類可探究的神秘科學世界。」

第二節　想像力經濟時代的超級英雄

資訊社會為人創富提供了無限廣闊的天地，在這個天地裡，最有想像力的人是最後的勝利者！因此，我們不妨大膽得把當今社會的經濟稱之為「想像力經濟」。

想像力經濟的最大特點就是：一個富有創意的想法就會成就一個富翁，一個好的創意可能會是無價之寶。現在的諮詢公司就是這種經濟模式下的產物，諮詢公司就像是一個生產點子的智囊庫，是一個發揮想像力並且用商業化的外套進行包裝的地方。在想像力經濟時代，墨守陳規不願以釋放自己思想的人常常會被社會淘汰，他們會被自己同行迅速甩在後面，成為典型的後進者。而能夠發揮自己想像力的人，在這個經濟模式下常常會成為最有活力、最有前途的人，因為他們能夠抓住機會成就自己，這就是想像力經濟時代的生存遊戲規則。

迪士尼公司是一個想像力的海洋，迪士尼公司以一個個奇妙而神奇的創意征服了全世界的孩童和成人，締造了一個龐大的娛樂帝國，迪士尼公司屬於想像力經濟時代的絕對典型成功者，是想像力經濟時代的超級英雄。

一、想像力是第一生產力

　　既然奇妙的想像力可以轉化成財富，在創造性和創新性上，想像力與科學技術有相通之處。在商業領域內，想像力能夠點石成金，想像力在創造著一個又一個的商業奇蹟。在想像力的作用下，爛泥巴做成了泥人工藝品，遊客們爭相購買；紫砂土變成了紫砂壺，成為珍貴的茶具；破山洞被修飾成旅遊勝地，遊客絡繹不絕……

　　從這個意義上來講，我們也許可以說：「想像力是第一生產力！」那麼，想像力的神奇力量究竟源自何處？請看下面幾個案例：

　　一家為日本某家公司生產筷子的工廠，因為同行競爭激烈以及外商壓價而瀕臨破產。他們請諮詢公司的高手來出點子希望扭虧為盈。這個人思考了很久，拿出了一套方案：考慮到日本人工作經常廢寢忘食，因此在筷子上用日文燙上週一、週二或日本的民族節日出售。這家工廠照做了，結果筷子的價格提高了3倍多還供不應求，一下子就盈利50多萬。

　　日本的松下幸之助年輕時就善於傾聽、勇於創新，被譽為經營管理之神。有一次他在市場閒逛，聽到幾個家庭

主婦議論說，現在家用電器的電源插頭是單用的，很不方便，如果一件多用，能夠同時插上幾種電器就好了，說者無意，聽者有心，松下聽到這些抱怨後靈機一動，頓時產生了新產品的創意，回去後立即組織研製，不久便生產出「三通」電源插頭，結果風行全球，大受歡迎。

日本富士底片銷售部長看著堆積如山的庫存底片發愁，無意中對負責開發計畫的部長說：「為什麼不在這些底片上加裝鏡頭和快門呢？」就憑這一句話，點燃了新產品創意的火花。開發計畫部馬上進行了市場調查，發現有70%的人一年中至少有三次面臨想拍照片而一時找不到相機的情況。這一資料更堅定了富士開發即用即棄相機的決心。經過反覆實驗，終於成功地製造了即用即棄的簡便照相機，深受廣大消費者的歡迎，不但暢銷國內，而且風行世界。

20世紀80年代，由於電器市場的高度飽和，電熨斗也進入滯銷行列。如何使電熨斗生產再現生機，松下電器公司事業部長岩見憲一決定徵求「上帝」的意見，召集了幾十名年齡不同的家庭主婦，請她們不客氣地對松下熨斗挑毛病。有一位婦女開玩笑說：「熨斗若沒有電線就方便多了。」這句話引起一陣哄堂大笑。但岩見卻從話中分析出

顧客對老產品的抱怨和對新產品的需求，他興奮地叫道：「妙，無線熨斗。」事業部馬上成立攻關小組，經過反覆設計研製，終於將構想變為現實，新型無線電熨斗誕生了，並成為市場上的搶手貨。

最先生產「雙門冰箱」的日本三洋公司的創意是公司技術員大川進一郎，他與太太的對話中得到的靈感。有一天，大川問太太每天在使用冰箱時，覺得有什麼地方不方便？太太回答說：「從冰凍室取出冰塊時，把冰箱的大門一打開、冰箱裡的冷氣就向外流散，覺得很可惜。」大川就從太太的話中發現了消費者的新需求，設計開發出「雙門冰箱」而佔領市場。

透過以上案例可以看出，想像力不是憑空幻想，也不是故弄玄虛，而是從實際出發打破常規思維的思考方式，是一種逃離思維慣性的創意。縱觀世界各國的成功創意，可以歸納出以下幾種想像力模式與創富的關係：

「邏輯想像」與創富

邏輯想像的運用，在經營中不乏許多極富啓示性的實例：

　　某日，日本明治糕點公司在東京各大報紙同時刊出了一份「致歉聲明」，大意是說，因操作疏忽，最近一批巧克力豆中的碳酸鈣含量超出於規定標準，請購買者向銷貨點退貨，公司將統一收回處理，特表歉意。聲明刊出後，人們對該公司認真負責的精神大加讚賞，其實，該公司早就預見到碳酸鈣多一點對人體並無多大的影響，不會有人為此區區小事專門跑去要求退貨，但這種興師動眾的宣傳，卻可以使明治公司聲名鵲起，給顧客留下良好印象。這實在是一種十分微妙的廣告策畫，從此以後，顧客更願意購買明治的商品了。

　　在市場行銷及廣告策畫中，巧妙地運用邏輯想像，不僅可以產生非凡的宣傳效果、拓展市場，有時還可以緩解行銷者與消費者之間的矛盾，提高自己的信譽。

「批判想像」與創富

　　批判想像就是尋找某些不完善的東西，在此基礎上進行想像構思。時代的變遷，社會的發展往往會給原來本已完善的東西留下進一步完善的餘地。在這個空檔上，藉用批判的想像，對選准專案、確定自身的市場優勢、開拓更

大的市場，都能產生巨大的作用。

法國一個瓷器製造商透過批判性想像，別出心裁生產了一批供人們摔砸的瓷壺、瓷杯、瓷碗。這種器皿式樣新穎、價格低廉，並在廣告上宣稱：「不必煩惱，無須壓抑怒氣！夫妻吵架，亂砸器皿是心情緩解的最有效方法。為了家庭和睦幸福，使勁摔吧！勸君莫吝惜！」這種藉助批判想像產生的奇怪產品，加上獨特的廣告語，引起了不少人的興趣，從而使得生意興隆、財源滾滾。批判的想像在實際運作中很有效用，它可以從綜合、移植、變形、重組等方面進行。

二、迪士尼，贏在創意！

從 1989 年以來，華德·迪士尼公司以《小美人魚》為開端，連續發行了一些生氣勃勃的巨片，賺了大約 50 億美元，使迪士尼公司對更豐厚利潤的野心得到了滿足。

迪士尼公司特別注重創意，並力求從制度上保證好的創意從各個方面源源不斷出現。迪士尼公司45歲的動畫故事片部的總經理皮特·施內德爾向人們指出，他們是透過一個由所有編創人員參加的演示活動，形式幫助迪士尼公司做到了新創意源源不斷，這種演示活動就是演示會。

演示會是怎樣得到最好的創意的？

迪士尼公司總有些人在思考下一步做什麼。而公司中的其他人，包括秘書們也在提出他們的主意。演示會一年開三次，在會上大家要做的是，竭盡全力向四位公司首腦皮特‧施內德爾、米蓋爾‧伊斯奈爾、羅伊‧迪士尼和湯姆‧舒瑪徹爾表明，按照自己出的主意，會製作出一部好的動畫片。

在演示會上大家不會膽怯躊躇嗎？

出主意的人會從他們的同事那裡得到幫助。大家會幫助出主意的人發展和整理以使之能成為一個3至5分鐘的情節。還有人指導出主意的人選擇所能運用的視覺化手段。如果有誰膽怯萬分，別人會握住他的手鼓勵他。演示會是正式的，在那些時日裡，公司的四位首腦都要坐在桌旁，房間裡坐滿了想出主意的人。具體作法是，每個人聽所有的新主意。這造成一種並不像是一個人在講述，而是有大家在支援和參與的境況。每次演示會通常都有大約40個人提出新主意。而講述者的名字是隨機地叫出的，這樣就不會有什麼預定的秩序。

但是，對與會的每個人來說，站起身來對米蓋爾・艾斯納說出自己的想法仍然令人感到困窘。關鍵在於要創造一個令人感到坦然的環境氣氛。公司首腦們透過自己親身做出榜樣來做到這兩點。在這方面，地位較高的管理人員要承擔起責任。比如他們之中在需要時可以對艾斯納說：「米蓋爾，你錯了。」當大家看到頭頭們互相這樣說時，就會鼓勵每個人順暢地說出自己的意見。

當所有的新主意都提完以後，公司四位首腦會商量一下，談談哪些他們喜歡，而在不喜歡的那些中哪些方面他們喜歡。某個人可能是念頭很棒，但是也許故事不是很好，或者只不過是有一個很好的題目。但首腦們不能做的是，對大家當面說：「夥計們；真妙，講得太棒了！」而在他們離開後，又咕噥說：「什麼主意!?糟透了！」首腦們一定要與他們直接交流而不必顧慮什麼自尊與情緒以及該怎樣足夠和緩地做到交流。首腦們必須告訴大家，為什麼這個主意行不通，他們不用故意減緩評論的鋒芒。施內德爾指出，如果首腦們做了言詞激烈的評論，但又沒有誰被解雇或降級，大家就開始明白，不管主意多好、多糟或多麼平淡無奇，都可以提出來，可以被接受、被認真地加以考慮。

提出原始創意的人要得到報償嗎？

如果公司買這個創意，通常會爲最初的處理腳本付費。事實上，從採納一個創意腳本到發行出一部影片，公司付出2萬美元是常有的事。

一個好創意怎樣成爲一部獲利的好影片？首先，應當爲每一個故事提出一個核心價值。正是核心價值推動了影片的創作。首先要寫下核心價值，然後大家討論。核心價值既不神秘也不飄渺。編創人員要牢牢把握住它，根據它來判斷工作進展得好壞。編創人員要不斷問自己；我們是直述我們原打算講的故事嗎？因爲如果不能使目標和方向保持一致；就不會製作出好的影片，大家怎樣使意見得到一致？

這裡的工作完全是一種集體方式。大家要花很多時間開會討論以圖取得一致意見。以影片《巴黎聖母院的駝子》爲例，就這個故事到底該是什麼樣的，一開始就有許多爭論。有人曾提出，這樣下去影片永遠不會取得成功。所以編創人員就回到原書並提出問題：什麼是該書的最基本價值？故事能夠是什麼樣的？它該是什麼樣的？然後討論該作哪些需要修改。隨著每個人說出自己的意見，爭論

的內容就一點點插進了；最終，大家斷定這個故事應是關於發現自我價值的。

討論如果沒完沒了的話怎麼辦？何時讓討論停下來？

這是一個難題，但是在把上述過程具體落實時，就必須把一些事情明確下來，不然就會寸步難行。首腦們開始時得把事情保持在不確定中；直到每個人都說：「天哪！就這樣好了。」但同時又必須保持一定的方向和預期。首腦們必須向編創人員們交待明白：「要在這些範圍內去編創，在這個框架內工作。」但同時又不要禁止人們去想：「我的天！這個框架不怎麼樣，讓我們做些修改。」因此，如果讓人們在空白畫布上作畫並且不訂出一些規則，他們會漫無邊際地去想而不知所措。而一個截止期就相當於告訴說：到明天五點；必須把這個提交給故事組，無論它是好、是壞或是平平淡淡。

誰來確定最後期限？誰來負責？

誰真正對整個工作過程負責並不明確。當然，導演與製片人是日常工作方面崗位固定的人。但是，艾斯納、迪士尼、施內德爾和舒瑪徹爾這些頭頭則有足夠的靈活性。

他們四個人總是在問,他們講的故事是否適當、是否有益。這是一種使編創工作能正常開展的對話。施內德爾認為,是迪士尼動畫製作觀念在負所有的責任,這種責任從來不屬於哪一個真實具體的個人。他認為最終可以把這種責任歸屬於一個群體。

迪士尼公司中一定需要某種等級體制嗎?

施內德爾本人很推崇等級體制。但他指出,這應是一種不過於嚴格的等級體制;他認為:沒有某種等級體制,就不能進行創造性工作。當他十年前剛來這個公司時,公司中的等級體制還非常粗略。而現在公司業務部中頂尖的5個人都是誰則很清楚;這給人的印象是:他們在創造性地推進公司的事業。

另一類等級體制也很明顯,公司中每項製作都有幾個導演、一個藝術指導、一個背景部主任,這些人都是他們部門的主管;總而言之,公司首腦們總是盡力選擇既精通管理又懂藝術的人,儘管這些特點難得同聚於一身。專案主管要有判斷力、品質感、速度感,要有能力說:「這不夠好、不夠快,你們能做得更好!」或者能夠說:「不要著急,這點的確很重要,慢慢來!」這需要一種真正的判

斷力和交流能力。

公司可以給這些主導迪士尼專案的頭頭多少自主權？

這是工作要有分有合的問題，是關於人們之間互相配合的問題；這樣，就必須使管理者承擔起管理責任；這就要讓導演挑選他們的藝術指導，讓藝術指導選擇他們自己的背景部主任，讓背景部主任挑選他們自己的組員。應當要讓人們有被選中和被需要的感覺，而不只是被指派，被調動或是被打發到他們的崗位上。要讓人們都說；「他們需要我。」

公司主管總可以這樣做嗎？

應當是在四分之三的時間裡給予專案主管以自主權，而在其餘時間裡，公司首腦甚至對導演們都有點盛氣凌人：「做做這個看！」比如在最近製作得最成功的一個專案裡，公司首腦曾吩咐該專案導演閉嘴。儘管他是一個非常有才能的人，但在把握自己的事業發展方向方面，他卻有些優柔寡斷。他不知道這個專案是否適當。施內德爾就對他說：「你已被提議導演一個主要的動畫片，做好它。」他說：「但是我不能肯定地說我是喜歡還是不喜歡

它!」施內德爾則對他說；「那麼可以修改它，全心投入開始工作。」他這樣做了，並且很快就迷上了這項工作。但是，這需要一個過程。情況不必是他走進來就說：「我知道怎樣處理這個片子。」而該是這樣一個過程：去工作、畫出圖樣、討論它、為它努力、重新做起。這樣最終就會成功。

公司首腦不需要在製作與創新之間維持一種平衡嗎？

應當說是這樣的，這是正常情況。從事製作的部門要問的是，是否每個決策都有其所值。近來，《駝子》一片的編創人員在討論對該片的結尾做一點小的改動。這是在最後幾週裡，還有最後的四組鏡頭沒有完全拍完，大家對30英尺膠片進行討論，要做一種很有意義的修改。製作部的人說：「夥計們，這可有30英尺之多。」公司首腦們則說；「是的，但是它平淡無味。」最終製作部同意了。但是，公司首腦們仍不拘泥於他們最初的選擇，儘管這樣費時又費錢。他們總能找到辦法更快做修改和花費更少的錢。

公司員工們越來越適應這樣一種觀念：等級體制不是簡單地指公司的頭頭們與公司員工們之間的關係。公司的

一個經理人員去年利用午餐時間舉辦了一場乒乓球賽。勝者與米蓋爾‧艾斯納和總裁麥克‧奧維茲比賽。員工們說：「我的天，米蓋爾‧艾斯納也在我們辦公樓裡打乒乓球。」施內德爾承認，雖然他不能肯定員工們直接這樣講過，但是，他說別的地方會有這樣的乒乓球賽嗎？公司的最高首腦們輸了球，這證明，員工們並不覺得他們必須讓艾斯納贏球。就是說，等級體制的界限應模糊些，不要影響人們接近他們想要接近的人。

第三節　迪士尼魔力的啓示

迪士尼不會枯竭的靈感源泉，實質上是讓創新形成一種用知識固化下來的業務模式，別人看來天才造化般的神奇作品，在迪士尼卻成爲例行性生產作業流程的結果。運用知識管理，你的企業同樣也能獲得創新的「魔力」。

創新是企業生命力之源、競爭力之本，也將成爲企業吸引客戶、佔領市場的最重要的籌碼。當創新產生新的市場契機時，企業往往能夠大幅度超越競爭對手，取得極佳的經營成果。但對任何一個企業來講，要持續創新絕不是一件易事——這更使得迪士尼的成功充滿神奇的色彩。

在早期推出米老鼠、唐老鴨、高飛狗等膾炙人口的卡通形象後，迪士尼在創造數十年的輝煌戰績之際，如何持續創新便成爲制約企業發展的眞正瓶頸。直至今日，我們還會發現，在迪士尼動畫夢工廠，幾乎每天都有新的創意產生，每年都有新的動畫大片推出——這些新作品是如此全面地汲取原有作品的優勢與爲人稱道之處，同時融入了創作者多少天才的創作靈感與智慧。迪士尼作品始終能給予我們耳目一新、賞心悅目的感覺。

迪士尼如何能做到這一點？其原因就在於，迪士尼在公司內部早已創建了一套「創新知識管理流程」，使創新不再簡單體現爲毫無依據、憑空想像的過程，而是用一整套經過長期實踐、證明行之有效的業務流程、知識管理和創作框架「固化」下來的體系——在整個作品的創作過程中，每一個與編寫劇本、動畫設計、採編剪輯、錄製合成等工作的人員，都能夠在本人負責的環節上借鑒所有整合提煉好的知識資源，並在一定的業務規則指導下，有條不紊的輸出智慧。這使得企業的創新動力不再僅僅依賴於個人的魅力與智慧，而是靠組織整體的協同運作。規範化的業務流程與業務規則看似「腐朽」，但卻成爲迪士尼不斷創新的源泉！創新如何才能不朽？

迪士尼的做法，實質上是讓創新形成一種用知識固化下來的業務模式，別人看來天才造化般的神奇作品，在迪士尼卻成爲例行性生產作業流程的結果。

由此可見，打造企業持久的創新競爭能力，讓創新成爲不朽，這就是知識管理化「腐朽」爲「神奇」的重要價值所在。

知識正在成爲企業之間競爭最鋒利的武器，知識經濟

正在逐漸超越現有經濟形態而「統治」未來社會。管理大師彼德‧杜拉克就曾預言：「知識將成為未來社會最核心的生產要素。」而對「知識」新概念的經典定義，IBM知識管理研究院院長拉里‧普魯薩克（Larry Prusak）的闡述更值得我們回味：「一種設定的經驗、價值、連貫資訊和專家識見的流動混合體，它可以為估量和吸收新的經驗與資訊提供框架。它在知者的頭腦中產生，並在其中得到運用。在組織內，知識不僅存在於文件或檔案庫裡，還常常體現在日常管理、流程、行為和規範中。」

追溯企業的創新競爭能力，我們會發現，這根本上是源於企業所擁有的知識資源和能力，包括發現和識別市場機會的市場知識、開發新產品滿足市場需求的研發能力、將個人創新融入新產品中去的整合能力、將企業生產的知識和產品推向市場的傳播能力等等。這些知識和能力在組合成了企業核心競爭力的同時，也成為企業獲得持續創新優勢的來源——換言之，它們更是企業創新競爭力的源泉。

一、如何才能化「窳朽」為「神奇」？

現在看來，企業的知識存量決定了它發現市場的能

力，企業擁有的知識增長節奏又決定著其資源發揮的效率
——從這個意義上講，如果說擁有自己核心競爭力的企業
不易被競爭對手仿效，那麼，擁有自己持續的創新競爭力
的企業，就更易於形成獨特、持久的競爭優勢——推行知
識管理，因此成為企業獲得充足創新能力的必經之道。釋
放企業的創新潛能！

「知識管理」之父達文・波特一再強調，知識管理的
關鍵涵義在於：在充分肯定知識對企業價值的基礎上，透
過特定的資訊技術，創造一種環境讓每位職員能獲取、共
用、使用組織內部和外部的知識資訊以形成個人知識，並
支援、鼓勵個人將知識應用、整合到組織產品和服務中
去，最終提高企業創新能力和對市場反應速度的管理理論
和實踐。

無論從哪個角度看，我們都可以得出結論：知識管理
尋求的是將個體知識轉化為組織智慧，即為實現一個組織
的價值最大化。幫助組織成員不斷創新，自如應對變化。

二、知識管理如何釋放企業的創新競爭潛能？

首先，知識管理的系統思維，迅速提升了企業的整體

創新和運作能力。知識管理所強調的是企業整體業務流程的協調運作，流程中每一個生產或作業環節都由相對的知識流（業務規則與業務模式）固化下來。這些業務規則與模式並不是簡單的照本宣科，恰恰是形形色色的經驗積累與分析提煉，在知識共用的基礎上，業務人員才會快速產生新的創意靈感，企業的整體運作能力才會大大提升，這也使得每個員工的個體智慧都成為組織創新的一個環節，不至於因個別人才的缺失而影響企業創新的效率和成果。

其次，知識管理鼓勵在企業內部形成知識共用、不斷創新的文化。企業的知識管理就是為企業實現知識的顯性化和共用尋找新的途徑。顯性知識易於透過電腦進行整理和存儲、透過高新技術手段和方法來管理。而隱性知識由於難於被他人觀察瞭解，更無法奢談共用和交流，而透過企業的知識管理，可以在組織內部建立起員工對知識的友好共用，並有相對的激勵機制和考核體系來保障，這從根本上鼓勵企業形成一種不斷創新的文化。

再次，知識管理藉助先進系統工具運行，會將最需要的知識在最恰當的時間傳遞給最有能力的人，促進企業決策目標的實現。目前市場上已湧現出一些智慧化的知識管

理工具，爲將來企業藉助先進系統實施知識管理奠定基礎。在一家企業，現在可以透過系統來跟蹤每個人的興趣與業務需要，能把需要研究某一課題的人和在這一領域中有經驗的人聯繫起來。比如，某一生物製藥公司的研究人員，針對某一藥品一系列不尋常的副作用產生了疑問，儘管在公司的資訊庫中找不到相關的資料；但是知識管理系統中的仲介功能，爲研究人員提供了另一專業人員的資訊。系統還顯示了該人的實驗經驗、聯繫方式等資訊。這兩個研究人員因而可以就藥品副作用的潛在原因彼此分享他們的知識與經驗。這也就是說，如果工作流系統被賦予一種有知識的能力，工作流引擎便能依據近似的情形自動做出決策——知識管理系統保障了企業各類決策完成的速度和品質。

三、打造企業的創新競爭力

迪士尼具有很強的魔力，也許就在於它形成了自己的創新競爭力。唯有如此，它才可以適應瞬息萬變的市場需求，不至成爲「快魚」群中的「慢魚」。

聯想在服務方面體現的創新競爭力，應當歸功於公司內建立起的一套「服務知識管理系統」（CRM系統的重要

功能組元件之一），即每一個員工都有責任把與客戶接觸過程中遇到的服務問題及解決方法，輸入到既定格式的「陽光服務知識庫」中。這樣，當專業人員遇到客戶的問題時，他所提供的服務之所以與眾不同，是背後融合了數千名業務專家的智慧。服務知識管理，讓聯想的「陽光直通車」徹底打破了舊有的客戶服務難、東奔西走、耗力費神的模式，也讓客戶眞正體驗到來自聯想無所不在、無微不至的服務關懷。

什麼才是企業獲得持續的創新競爭力的基礎？在實施知識管理的企業中，管理者可以在更廣闊領域中借助知識支援系統完成經營決策，員工可以透過系統化的工作流程，迅速學習知識、迅速適應環境變化，促進企業整體的創新潛能釋放——知識管理，讓企業的創新競爭力成爲不朽。

第 3 章
《米老鼠和唐老鴨》
：讓顧客爲你癡狂

1923年，華德・迪士尼和他的兄弟成立了「迪士尼兄弟動畫製作公司」，隨後創造了風靡世界的米老鼠和唐老鴨。

米老鼠活潑可愛，唐老鴨神經質而且暴躁，以他們為主角的故事受到全世界兒童的瘋狂喜愛；1932年，這部影片因為其創意和豐富美妙的音樂獲得了奧斯卡特別獎。

第一節　顧客也瘋狂

迪士尼在向全世界銷售快樂，其銷售快樂的對象首先定位於孩子。天真的孩子才會有無私的、無窮無盡的和長久的歡樂。孩子希望看到有趣的東西，孩子希望盡情玩耍，孩子希望在枯燥的學習中充滿樂趣。同樣，長大的人們希望回歸到無憂無慮的童年。迪士尼著眼開發這一普遍需求的處女地，他得到夢寐以求的成功。

華德・迪士尼用他致勝法寶「喚起孩子氣的天真」征服了觀眾，他做到了。孩子氣的天真是所有年齡層的人溝通的連結點，美國哥倫比亞廣播公司「晚間新聞」的評論中曾說：

「華德・迪士尼，他明白純眞的童心絕不會摻雜成人的世故，然而，每個成人卻保留了部分未泯滅的童心。對小孩來說，這個令人厭倦的世界還是嶄新的，還是有著許多美好的東西，迪士尼努力把這些新鮮、美好的事物爲已經厭倦了的成人保留了下來，這是全世界的一筆寶貴財富。他以他的歡樂世界，治療或者安慰精神有問題的人，他做到的比全世界的精神病醫生還要多。在這個所謂文明的世界，幾乎沒有人不曾花過數小時沈浸在他的思想和想像之中，華德・迪士尼總是有本領讓文明人感到心情更舒暢些。」這一評論，是非常中肯的。

世界因爲純眞而美好。迪士尼的作品影響範圍很廣，適合從牙牙學語的兒童到八旬老翁，而不只限制在年輕人，迪士尼的影片眞正意義上做到了「家庭共用」和老少皆宜。這一人間天堂船的享樂不會充斥著暴力和邪氣，而洋溢著眞善美。迪士尼的作品有著一種奇特的效用，它不是說敎式地告訴人們什麼是眞、善、美，而是在曲折動人的影片中散發著一種天眞，這種天眞溝通了所有年齡層的人。從溝通上說，無論男女、老少都喜歡。

在這裡，返老還童已經不是一件說說而已的事。不論

什麼人都嚮往童年，懷念童年裡有值得回憶的燦爛時光。

迪士尼不僅有神話，還有寓言。在一些現代的創新作品中，米老鼠、唐老鴨、玩具總動員等等，給人們帶來了無限歡樂，在歡樂之後，還有隱隱的哲理，具有伊索寓言式的味道，這些故事是在輕鬆歡快、荒誕滑稽的氛圍中，用卡通形象的行為來表述深刻的哲理。這種奇特的寓言故事從不先入為主、從不點破、從不刻意地去做些什麼。它會讓觀賞者依自己的人生去經驗、去理解、去領悟、去得出不同的結論。孩子們在華德‧迪士尼的寓言中，看到美麗、五彩繽紛、讓人驚奇的奇妙世界；成人從華德‧迪士尼的寓言中體驗到動人的美感和天才手法造就的人的生命力，喚起已在逐漸泯滅的「孩子氣的天真」。這種作品，就像人間美味，老少咸宜。

以孩子的眼光看世界、看同伴、看大人、看好人、看壞人。在孩子眼裡，「大惡狼」是個可笑的惡棍而非殘忍的惡棍。「孩子氣的天真」是迪士尼創意表現的根本支柱，這一發現是他對卡通業、娛樂業的一大貢獻，對於這一貢獻，人們給了他億萬美元的回報。

可見，迪士尼的成功啟示著企業行銷常常必須走在時

代的前列，透過對宏觀社會、經濟和文化的研究，預測消費者的需求，從而及時抓住這些機會，或者從相反的一方面透過自身的各種行銷手段，來改變消費者需求的因素，形成新的消費需求，培育新的市場以獲得企業更快的、更好的發展。

一、米老鼠，是橫空出世，更是應運而生！

提起米老鼠，人們都會認為是卡通大王迪士尼的傑作，其實還不盡然。在這隻卡通小老鼠風靡世界的大半個世紀中，曾有許多有才能的畫家為之付出辛勤的勞動，除了迪士尼及米老鼠造型的首創者艾沃克斯、米老鼠連環畫的主要創作者弗勞埃德・戈特弗雷德森（Foley Gollfredson）等人的辛苦以外，更有市場的呼喚和顧客的需求，米老鼠的誕生可以說是橫空出世，但是在更深的層次上來講，也是應運而生！

30 年代前夕，經濟危機的陰影開始籠罩美國。苦悶、消沈的人們在 1928 年 11 月 18 日在紐約的電影院裡看到第一部有聲動畫片《「威利」號汽艇》，主角正是一隻有大而圓的耳朵、穿靴戴帽的小老鼠。它雖然沒有說什麼話，但是隨著輕快的音樂而踩腳、躍動、吹口哨……這可愛的

形象，博得觀眾的喜歡，使他們短暫地忘記經濟蕭條所帶來的煩惱，因而一下轟動了紐約。不到一兩年，米老鼠就成了舉世聞名的「明星」。1932年，這部影片獲得了奧斯卡特別獎。

「超級明星」米老鼠是如何「孕育」、誕生的呢？這就得提到他的製作人——美國動畫藝術片的先驅華德·迪士尼。他20歲出頭的時候，就開始研究創作動畫片，廠址在好萊塢一間破舊的老鼠經常出沒的汽車房裡。那些日子，他一有空閒，就饒有興味地觀察鑽進鑽出的小老鼠。於是，一個新「角色」的雛形，就在他腦中浮現。一次，他從紐約乘火車去洛杉磯。在漫長的旅途中，閒來無事，他抓起筆即興作畫。一隻穿著紅天鵝絨褲、黑上衣、帶著白手套的小老鼠在畫紙上出現了。嘻！本來令人討厭的老鼠，在他筆下，竟如此幽默、可愛，頓時引起旅伴們的注意，有人還給它取了個人的名字：米基。不久，當動畫片需要新角色時，米老鼠就機靈地登場了。

卡通米老鼠的成功當然首先應該歸功於迪士尼。當時世界上第一部有聲電影問世不久，迪士尼敏銳地感覺到聽覺對於動畫片的重要性。他把造型、動作的設計交給別人

去處理，自己除了構思笑料外，致力於動畫片的聲音方面的工作。卡通米老鼠的成功取決於音樂節奏與動作同步及形象開口說話。1928年11月18日迪士尼推出了第一部音樂、動作同步的米老鼠動畫片——《汽船歷險記》。經過不懈的努力，1929年迪士尼終於在動畫片《狂歡的小孩》（The Carnival Kid）中又讓米老鼠開口說了話，米老鼠終於活了起來，於是舉國青少年爲之瘋狂，米老鼠形象也迅速風靡世界。

由於卡通米老鼠的走紅，迪士尼的工作群在不斷的擴充，至1931年已增加到40餘人，這些人有的繪製卡通片，有的繪製連環漫畫。最早見報的18套米老鼠連環漫畫是由艾沃克斯繪製的，1930年改由維・史密斯接替，同年又由弗勞埃德・戈特弗雷德森接著畫。弗勞埃德共畫了45年米老鼠連環畫，儘管參加創作米老鼠的人員經常更動，但弗勞埃德卻一直擔負著主要創作任務，從構思情節、畫素描稿、直到監督創作，一絲不苟，創作態度極爲認眞。在創作中，弗勞埃德十分勤奮，每星期至少工作六天，有時甚至連星期天也不願休息。

弗勞埃德・戈特弗雷德森（1905-1986）童年在美國鹽

湖城以南的一個小鎮上度過。儘管家境十分貧寒，但弗勞埃德的家庭卻生活得十分美滿和諧，他們常用幽默的閒聊來忘卻眼前的困苦，對未來滿懷著樂觀與希望。為了挣錢上繪畫課，小弗勞埃德曾挨家挨戶兜售他祖父在印地安戰爭中生動的自傳抄本。在一次打獵的意外事故中，弗勞埃德受了傷，在休養期間，他閱讀了霍拉肖·阿傑的故事，吸取了那種樂觀的英雄主義精神。弗勞埃德年輕時曾當過電影放映員，還曾在《猶他日報》當過漫畫專欄編輯。1929年，弗勞埃德遷居到娛樂業的黃金海岸——洛杉磯。一次偶然的機會他看到了迪士尼製片廠繪製卡通米老鼠的招募廣告，他便應招去剛成立不久的迪士尼製片廠工作。起初，弗勞埃德只是從事一般的製作工作，但不久他的才能便被發現，4個月後，迪士尼便將弗勞埃德調至《米老鼠畫報》工作。從此，弗勞埃德翻開了他藝術生涯中最燦爛的篇章。

弗勞埃德是米老鼠的第二位父親，至少在米老鼠的連環漫畫創作中是這樣。在迪士尼早期的《米老鼠》連環漫畫中，米老鼠只是一隻專愛在糧倉周圍搞惡作劇的小老鼠，米老鼠的形象還未形成成熟而獨特的個性。當時，迪士尼只是要求米老鼠的形象能受到人們的歡迎、能逗人發

笑而已。而後來米老鼠機智勇敢、正直善良、幽默樂觀的性格的形成，弗勞埃德發揮了舉足輕重的作用。曾做過放映員的弗勞埃德對電影瞭解頗多，他是一個天才的講故事專家，並且，弗勞埃德平時極愛讀歷史傳奇故事及驚險的偵探小說，他還是個航空迷，廣博的知識使他創作的米老鼠故事驚險、曲折、生動，知識性、趣味性極強。尤其難得的是弗勞埃德沒有去嘲弄人類的弱點與醜惡，而竭力地去讚揚人性中光明崇高的一面，因而使他的作品具有永久的魅力。

儘管後來米老鼠連環漫畫一直由弗勞埃德等人製作，但作品卻一直簽著迪士尼的名字。20年後，迪士尼提出應該讓那些漫畫作者在作品上簽上自己的名字，但報業辛迪加卻竭力反對，他們認為讓作品簽上許多不知名的名字會影響作品的市場價值。因此米老鼠連環漫畫上迪士尼的名字便一直沿用至今。

二、米老鼠為什麼會成為「萬人迷」？

到1931年，「米老鼠俱樂部」會員已達100萬人，凡有文化的地方，都知道米老鼠。米老鼠的狂熱，給華德‧迪士尼帶來了財源。

　　華德‧迪士尼在1929年下半年去紐約和包維斯談判的時候，第一次瞭解到把卡通角色的圖像給人使用可以得到一筆錢。他後來說：「當時，有一個人到旅館找我，拿出300元，要求准許把米老鼠的像印在寫字桌上。洛衣和我那時很缺錢。因此我就收了那300元。」

　　後來這種要求越來越多。1930年2月3日，洛衣終於簽了第一張這一類的合約，給予紐約包菲得公司權利，准許該公司「製造及出售有米尼和米奇畫像的器物」。當這類物品售價在5角以下時，迪士尼就收2.5%的版稅，如售價超過5角，迪士尼則收5%的版稅。後來這項權利轉到瑞士一家工廠，製造出米奇和米尼的手帕。

　　1932年，來自堪薩斯市的一位廣告人荷曼‧凱曼向華德‧迪士尼建議，印有迪士尼卡通角色圖像的商品，應提高品質。華德‧迪士尼認為不錯，就於1932年7月1日與凱曼簽約，由凱曼代表公司處理這方面的事務。他的第一筆生意就是准許一家食品公司製造1000萬隻米老鼠霜淇淋筒。米老鼠圖形似乎具有起死回生的功能，例如，原先製造玩具電動火車的萊恩公司受到全國不景氣的影響，已經向法院申請宣佈破產，後來製造帶有軌道的米奇和米尼發條火車，在4個月之內銷售2503000部，因此得救。

米老鼠為什麼會如此受人歡迎？華德‧迪士尼的看法是：「米奇是一個好先生，從不害人。他常身陷困境，但都不是他的錯。他最後總能化險為夷，而且面帶笑容。」他又說米老鼠的個性出自於卓別林，「我們想讓一隻老鼠雖然小，卻具有卓別林的想法——雖為小人物卻具有盡力而為的精神。」

　　但米老鼠更像華德‧迪士尼，最為明顯的是聲音。他那局促不安而慌亂的假聲，說話之前先發出怯懦的「哦、哦、哦」聲，正適合米老鼠，其他人還真學不來。此外，米老鼠也有華德‧迪士尼的冒險精神，正直誠實、缺乏世故及要勝過他人的童稚野心。

　　迪士尼手下的卡通畫家早已看出米老鼠和華德‧迪士尼的相像之處，於是在下筆時總想到華德‧迪士尼的特性。華德‧迪士尼也總是利用他傑出的演技，說明一部卡通片應該是什麼樣子。他演出的每個角色、說出的每一句話，都表現出他的演技太好了，以致這些畫家都極力抓住他的每個表情和動作。有一次，他們實在沒有辦法畫出某一個表情，就用攝影機把華德‧迪士尼的演出拍了下來，居然效果很好。

　　華德‧迪士尼也盡力使得米老鼠個性一致，有的時候笑話撰稿人寫出一段話，雖然可以引得觀眾捧腹大笑，但由於和米老鼠性格不一致，華德‧迪士尼就會說：「米奇不會是這樣的。」這就是米老鼠之所以受到全世界人愛好的原因之一：他一直保持他自己的樣子，有一貫的個性。

　　米奇的成功使赫伯龍製片廠也有了許多變化。原來房子的前後左右都增建了。1930年建了新的辦公室，第二年又蓋了一幢兩層摟，華德‧迪士尼的辦公室更漂亮了。

　　製片廠內人員迅速增加，紐約許多資歷深厚的卡通畫家都投入華德‧迪士尼的陣容，如此華德‧迪士尼更提高了卡通製作的品質。

　　在卡通角色方面，除了米尼和米奇之外，笨狗布魯托、賀瑞斯馬和母牛克娜貝也都成了有名的角色。

　　儘管華德‧迪士尼還不滿30歲，但在卡通這一行裡已做了12年。在他的工作人員中有的在紐約卡通行業中待得比他更久，年齡也比他大，不過大家都非常尊敬他，以他為領袖。華德‧迪士尼也有知人善任的長處。在他的領導下，他的工作大員有的成為傑出的卡通畫家，有的發揮了訓練新人的專長。

在和哥倫比亞公司訂了發行合約之後，廠內的情形也沒有令人滿意。卡通影片的所有收入，哥倫比亞公司先抽30%的佣金，再減去沖洗費、保險費、廣告費以及其他費用，然後剩下的由兩家公司平分，此外還扣除7000元的預付款，所剩無幾。哥倫比亞公司為華德‧迪士尼發行了兩年卡通片，但製片廠內所有的帳目還都是赤字，因為華德‧迪士尼還要還當初借哥倫比亞公司的5萬元錢。

如果繼續這樣下去卡通片的拍攝根本就進行不下去，華德‧迪士尼就要求哥倫比亞公司把每部片子的預付款提高到1.5萬元，但是哥倫比亞公司不答應。

聯藝公司的總經理申克知道了迪士尼兄弟的情形，不僅爽快地答應了預付款每部1.5萬元，並要單獨發行華德‧迪士尼的影片，申克利用和美國銀行的關係，幫華德‧迪士尼借錢。

聯藝公司的股東有卓別林和其他一些知名人物。華德‧迪士尼能有機會和他的偶像卓別林打交道，感到非常高興。卓別林也是華德‧迪士尼卡通影片的一位熱心觀眾。他告訴華德‧迪士尼：「你要想有所發展，一定要有能力控制你的一切。」他還特別強調：「要保持獨立，必須擁

有所攝製的每部影片。」

在和聯藝合作以後，華德‧迪士尼決定在他的卡通片裡加上新的特色——彩色。

華德‧迪士尼公司以前曾經做過這樣的實驗，但都沒有成功。1930年，天然色公司研究出把三種主色的底色合在一起的方法。到了1932年，雖然這種方法還不能用來拍攝真人影片，但已經可以用在卡通影片上了。

拍攝彩色卡通當然需要花費更多的錢，因此洛衣極為反對。華德‧迪士尼就藉口洛衣反對，迫使天然色公司做出讓步，那就是：在兩年之內只有華德‧迪士尼可以使用這種三色合成的彩色方法。

這個時候《胡鬧交響樂隊》中的一集《花與樹》正攝製到一半。《花與樹》是一部田園電影，片中的植物有隨著門德爾松和舒伯特的音樂舞動的鏡頭。華德‧迪士尼下令將黑白畫面和動作重新繪製成彩色，並另建了一座特別的攝影機架來拍攝上了色彩的賽璐珞板。但是問題又出現了，華德‧迪士尼發現色彩一乾就會從賽璐珞板上脫落，而且高熱的燈光也會使色彩褪色。於是華德‧迪士尼又和技術人員工作了一天一夜，最後終於找到了辦法，研究出

一種不脫落和褪色的彩漆。

當這部影片還在製作過程中，華德‧迪士尼的朋友就邀請了中國戲院的經理人葛勞曼來看。葛勞曼極為欣賞這部片子，決定在他的戲院放映。果然，《花與樹》在1932年7月的放映立刻引起了轟動。於是華德‧迪士尼決定將《胡鬧交響樂隊》的片集拍成彩色。

米老鼠是迪士尼卡通形象中最受人歡迎的形象之一，也是最能逗人發笑的形象之一。它的機智勇敢、正直善良、幽默樂觀深得大小觀眾的人緣，同時故事中的驚險、曲折、生動，以及知識性和趣味性極，讓米老鼠的故事具有了歷久彌新的永恒魅力。

行為學家們的研究顯示，嬰兒的動態特徵可以作為重要的行為暗示，能夠打動成年人的心弦。與成年人相比，嬰兒有較大的頭、膨脹的頸部、較大的眼睛以及與身體相比顯得短粗的四肢。當人們看見一個具有以上特徵的東西時，自然會流露出一種溫柔的情感，這是人的天性。迪士尼在創造米老鼠的形象時無形中使用了這一原理，賦予了米老鼠一個典型的嬰兒特徵，從而贏得了億萬觀眾的喜愛。

正是因為米老鼠這樣的個性和特徵使得人們非常喜歡它，從而造就了米老鼠的神話，也成就了迪士尼的神話。如果我們仔細分析米老鼠的成功之處的話，我們不難發現，米老鼠的成功深層次的原因是因為米老鼠的形象適合很多觀眾的口味，因為才有巨大的市場。這也同時說明了一個道理：只有適應市場需求的產品才能真正獲得成功！

三、唐老鴉：觀眾心中永恆的經典神話

「在美國，有一個人能夠將自己融入創作，他代表所有事物、代表所有人，他會犯與我們同樣的錯誤。他有時是一個壞蛋、有時又是一個真正的好人；大多數情況下，他只是一個和普通人一樣笨拙和粗心大意的人。我想，這或許就是人們喜愛這隻鴨子的原因之一吧！」

——唐老鴨之父卡爾·巴克斯

唐老鴨誕生於1934年。它的創作者卡爾·巴克斯於1901年3月27日生於俄勒岡南部與加利福尼亞交界的小鎮梅里爾，從小在父母的農場中長大。2000年8月25日，卡爾·巴克斯在俄勒岡的家中溘然長逝，享年99歲。作畫80餘年，唐老鴨是卡爾·巴克斯一生的至愛。

唐老鴨是迪士尼的歷史上罕有的，靠觀衆的認可而非製作者的設計，從配角變成明星的角色。1934年6月9日，迪士尼推出了一部動畫短片《聰明的小母雞》，沒有想到竟捧紅了那個口齒不清、一肚子壞水的鴨子配角。這次意外的成功，使唐老鴨獲得了在米奇卡通《孤兒的義演》中再度登場的機會。不過當時在片中它身高只有米奇的一半，在「孤兒觀衆」的嘲弄下，唐老鴨在表演臺上大發雷霆，這也是它首度發脾氣，沒想到從此成爲它的招牌形象。

　　隨著唐老鴨愈來愈受歡迎，它的身高漸漸變高，1937年女朋友「黛茜」首度登場後，唐老鴨開始有了自己主演的「唐老鴨卡通系列」，而且它的「親朋好友」休伊、德威和路易三個淘氣的小姪子、小氣鬼斯庫吉叔叔、糊塗的德拉奇博士等也陸續登場，唐老鴨的家族逐漸龐大。

　　毫無疑問，唐老鴨是個經典，而且是迪士尼中「異類」的經典。它顯然不是溫情童話世界中完美的偶像，它總是一副被打倒在地還要不斷掙扎、不斷叫囂的樣子；它還不時有些非分之想，可又總是倒楣，被時常籠罩在自己頭上的苦惱和麻煩弄得暴跳如雷。無論是小鴨子、大熊還是蜜蜂，都可以找它的麻煩，然後大家就可以滿意地看到

它們所期待的結局：唐老鴨又發脾氣了！伴隨著招牌式的怪叫，整個畫面像開了花，熱鬧極了。

唐老鴨最著名的畫師之一Carl Barks解釋說，「它（唐老鴨）身上有每一個美國人的影子，它犯了我們每一個人都會犯的錯誤。」它的好奇心、它探險的欲望、它簡單而直接的想法、它的屢戰屢敗和屢敗屢戰……在這個永不言敗的傢伙身上我們似乎看到了某種『美國精神』」。

說到唐老鴨，米老鼠是望塵莫及。晚於米老鼠五年誕生的唐老鴨原本是爲了和米老鼠「相映成趣」，米老鼠和市儈而暴躁的唐老鴨截然相反，它時常眨著漂亮的眼睛，用標準而典雅的英文說出長長的複雜的句子，有時候它甚至是多愁善感的。米老鼠是迪士尼童話中永遠的紳士、永遠正確、永遠勝利，它的締造者似乎不願意它有絲毫的瑕疵——對於普通的美國人來說，這個在泡沫經濟時代被塑造出的卡通形象意味著希望和快樂。

正由於米老鼠承載了那麼多的精神寄託，所以，米老鼠到上個世紀40年代時就已經停滯不前。正如創作者迪士尼本人所說的，「米老鼠成了我們的包袱，因爲它像一座豐碑，這就限制了我們可以做的事。假如我們讓米老鼠踢

誰一腳，那我們就會收到無數母親的抗議信，她們會說我們這樣做是在『讓孩子學壞』。」由此，米老鼠被自己甜蜜正直的形象捆住了手腳。

而同樣產生於那個時代的唐老鴨，在美國30年代經濟大蕭條的影響還沒完全消逝的背景下，它代表的反叛、突破，總在尋求刺激的性格，正好符合那時候大家對新奇、冒險和探索精神的需要。「說實話，我更喜歡唐老鴨。」畫師Carl說。

從1934年誕生到現在的70年間，迪士尼已經爲「唐納德先生」製作了約200部的動畫片，儘管米老鼠和唐老鴨的鼎盛年代已經過去，年事已高的唐老鴨叔叔不再頻繁地登臺表演，也很少再有人像從前那樣狂熱的迷戀唐老鴨了。但是唐老鴨永遠也不會走得很遠，畢竟留在記憶裡的經典總是難以磨滅。

就像吉奧佛瑞·珀恩頓說的：「迪士尼不同的卡通人物適合不同人的幽默，每個人都能在其中找到自己所喜歡的一個人物。而唐老鴨卻是惟一的。」

四、迪士尼的美女秀：緊隨顧客的審美觀

迪士尼是個神奇的工廠，而且，這個美女工廠就像張愛玲小說《琉璃瓦》中的姚太太一樣，出產的統統是最符合當年時尚潮流的美女。

20世紀30年代時興雪白皮膚、大眼睛，迪士尼立刻捧出白雪公主這個標準樣板。50年代瑪麗蓮夢露式的金髮美女得寵，迪士尼便不厭其煩地請灰姑娘、睡美人和愛麗斯將這金色長髮染了一遍又一遍。到了80年代末，染髮成了最新潮流，於是，小美人魚的頭髮也被染了一道——迪士尼聲稱她的頭髮是茶色的，90%以上的觀眾都覺得不敢苟同，但又沒人說得清那到底是什麼顏色。

強調種族多元化的90年代來臨了，迪士尼影片中的白人美女紛紛退場，阿拉伯美女、印第安公主、吉普賽女郎一一亮相，爭奇鬥豔，令人目不暇接。最令中國人吃不消的是，連花木蘭也掛上了迪士尼的品牌。看看花木蘭的紙傘、衣裙和畫面背景倒也頗有幾分中國韻味，可是這五官在中國人看來實在說不上「美女」二字。這也罷了，偏偏花木蘭舉手投足、說話行事，無一不洋溢著美籍華裔少女的風情。令人哭笑不得之餘，不禁懷疑起在花木蘭之前亮相的「迪士尼」牌的各國美女，按照本國人的標準，恐怕

她們的美麗指數都得大打折扣。

迪士尼的美女世界是多姿多彩的，但是萬變不離其宗，那就是這各式各樣的美女造型都是緊跟時代的潮流，緊隨顧客的審美觀，正是這樣，迪士尼造就的美女都受顧客的親睞。

《白雪公主和七個小矮人》：白雪公主

她的皮膚好似白雪，雙眼照亮人心，她的朱唇紅如血，頭髮黑似夜，她是世界上最美麗的女孩，她就是白雪公主。白雪公主並非迪士尼創造，但是迪士尼賦予了這個童話人物真正的生命和近乎完美的形象。

《灰姑娘》：仙德瑞拉

仙德瑞拉是童話世界中的「勞動模範」，每天日以繼夜地工作，還要挨打挨罵。怪不得職業女性一看這部電影便勾起自己的辛酸，都把灰姑娘奉為偶像，深夜加班時拼命祈禱「神仙教母」救我脫離苦海。

《睡美人》：奧羅拉

睡公主奧羅拉什麼都不用做，只管埋頭大睡，就讓普天下男人的想像力插上了翅膀，個個都想衝進堡壘一睹芳

容。不過這一招到後來就不管用了，因此，後來的迪士尼女郎統統變成了主動進攻型。

《小美人魚》：艾麗兒

迪士尼把安徒生童話中最令人同情的悲劇角色，變成了長著一條尾巴的前衛辣妹。她喜歡旅遊、冒險、考古和卡拉OK，目標明確，敢作敢為，對父母的勸戒不屑一顧。結果，她贏得了愛情，還有整個世界。

《美女與野獸》：貝兒

貝拉是個手無縛雞之力的乖乖女，卻救了兩個大男人。她先是用自己換回了落在野獸手裡的父親，接著用自己的愛解開了野獸身上的魔咒，使他恢復了王子的模樣，從此過著幸福快樂的生活。

《阿拉丁》：茉莉公主

離家出走的叛逆少女茉莉公主遇到了一個英俊的窮小子，兩人一見鍾情。這個窮小子竟然變成了王子，這個結局不但令劇中人滿意，也讓觀眾滿面笑容。來看迪士尼，就是為了作一個美得冒泡的夢。

《風中奇緣》：寶嘉荷塔

印第安公主寶嘉荷塔的故事在美國家喻戶曉，爲了重塑這位傳奇美女的形象，迪士尼的製作人員參考了幾位東方美人的五官，據說她的嘴和下巴的「參照人」就是鞏俐。這位環保主義積極分子憑智慧救出了自己的心上人—英國探險家約翰，化解了一場大戰。

《鐘樓怪人》：艾斯梅拉爾達

在雨果的原著《巴黎聖母院》中，作者曾費盡筆墨描繪艾斯梅拉爾達的絕世容顏。打上迪士尼標簽的艾斯梅拉爾達依然美得令人屏住呼吸，當她跳舞的時候，男人們都向她的腳上扔硬幣，想得到她的芳心。

《大力神》：美嘉拉

美嘉拉是迪士尼影片中罕見的「邦女郎」。這個饒舌女人是冥王的女僕、工業間諜兼小蜜，也是他用來對付「心太軟」的大力神赫爾克利斯的一張王牌。結果不出冥王所料，赫爾克利斯英雄難過美人關。他沒有料到的是，美人同樣難過英雄關。

《花木蘭》：花木蘭

　　聰明好強的木蘭一直想讓父母感到自豪，可惜常常弄巧成拙。一次相親失敗更加深了她的挫敗感。爲了將功贖罪，木蘭代父從軍。最後，她透過自己的智慧和努力救出了皇帝，成了國家的英雄，也贏得了自己的愛情。

第二節　顧客也是賓客

不是顧客，而是賓客

你不是為自己生產產品，你應當知道別人的需求，並為他們生產產品。

——華德·迪士尼

在那個年代，全國上下的消費者都為糟糕的服務痛心，華德·迪士尼公司卻以世界上最優秀的服務而受到了人們的歡迎。在迪士尼樂園開幕的那一天，華德·迪士尼親自宣佈了主題公園的座右銘：「在迪士尼樂園，來訪者是我們的客人。」從那以後，這一座右銘將公司為客人提供快樂服務提升到了一個新的層面。

來訪者被當作客人來對待也是華德·迪士尼拍攝每部電影的主題。小矮人歡迎白雪公主來到他們的小茅屋，森林裡的動物在小鹿班比的母親去世後一起來照料它。班克一家邀請瑪麗·波平斯一家到他們家做客。當然，《做我們的客人》是1991年電影《美女與野獸》中最走紅的歌曲之一。以客人為主題的想法隨時出現在迪士尼的各種影片

中，從魔術王國到動物王國。

華德・迪士尼與生俱來就知道自己客人的需要。他不必花錢去研究顧客的興趣，因為如他曾經說過的那樣，他的觀眾是由「我的鄰居組成的，是我每天遇見的人：和我做生意的人、一起去教堂的人、一起去參加選舉的人、一起在商業上競爭的人、幫助建設和維護國家的人」。迪士尼對顧客基本要求的解釋，他天生對完美的追求，意味著顧客得到的服務比自己所懂得的需要還要多，不管是觀看他的電影，還是參觀他的主題公園。

瞭解你的顧客，真誠地、尊敬地對待他們，他們就會不斷地來訪，這就足以說明迪士尼的信念了。今天大量蜂擁到迪士尼樂園裡的國內外遊客，證明了他那經得起考驗的信念。在1996年1月的第一個星期裡，僅在美國就有79.3萬人參觀了迪士尼樂園，這還不包括那星期裡有一個學校假日。大多數公司本身並不是服務行業，他們僅僅是要使提供優質服務成為自己的事業。當你看到他們的故事時，你將會看到對顧客的關心將產生怎樣的一種革新，並最終導致成功。

迪士尼的經營理念中一直有一個活的靈魂，就是把顧

客當成自己的賓客，全心全意為自己的顧客服務，使得自己的賓客滿意，而在實際中，迪士尼做到了，他們的電影使他們的賓客們歡呼雀躍，非常滿意！這正是迪士尼的厲害之處！

一、顧客的需求就是「上帝」的旨意

米老鼠的成功之處在於其形象為廣大的觀眾所接受，米老鼠就像一個精靈一樣鑽進每一位顧客的心裡，使顧客感到了快樂，顧客是上帝，顧客的心裡就是上帝的旨意。

顧客的需求是任何企業生產生命線，也是檢驗企業成功與否的唯一標準，這在大名鼎鼎的可口可樂公司也不例外。

1994年，美國可口可樂公司總部收到一位婦女的投訴電話。這位婦女怒氣沖沖地說：「在我買的可口可樂裡發現了一支別針！如果你們不能給我一個令人信服的解釋，我將向聯邦法院起訴你們，並將這件事向媒體公佈！」

天啊！可樂裡面發現了別針！可口可樂公司一時如丈二和尚摸不著頭緒：可樂裡面怎麼會有別針呢？誰也說不明白。但是，可口可樂高層對此事非常重視。因為誰都知

道，這樣的事若被張揚出去，經媒體炒作一番，可口可樂百年清譽必然毀於一旦。可口可樂高層特別成立了一支調查組，連夜奔赴出事地點——位於柯羅拉多州的一個名為布瑞英克的小鎮。

調查組根據那位婦女的解說，找到零售可樂的小店，又順藤摸瓜地找到批發商，最後確定這瓶內有別針的可樂由位於柯羅拉多州喬治城的可口可樂分廠製造。調查組帶著那婦女對這家分廠進行了突擊檢查，結果發現這家工廠生產條件極佳，乾淨衛生，工人也極為負責，根本不可能將別針放進可樂裡。問題出在哪裡呢？查出來是不可能的。調查組向那位婦女道歉，請她原諒，並且真誠地說：「您看，我們的生產條件極好，工作紀律非常嚴格，尤其是各位員工對顧客絕對負責，發生這樣的事肯定是個意外。遺憾的是，我們不能查出其中的緣故。但是，請您相信，我們將會進一步加強管理，保證類似的事絕不會再發生。對您所受的驚嚇的補償，我們將賠償您1萬美元的精神損失費。同時，為了感謝您對可口可樂的信任和忠誠，我們邀請您到可口可樂公司總部免費參觀旅遊。如果您對我們還有什麼不滿意的地方，請您儘管說，我們一定竭力滿足。」

那位婦女見可口可樂公司如此真誠，怒意全消，最後高高興興地去可口可樂公司總部參觀了。

面對突發的危機，可口可樂公司顯示了自己的勇氣和坦誠。公司高層主動與投訴的婦女聯絡，沈著而靈活地化解了一場可能引起巨大災難的危機。

二、時時刻刻與「上帝」合作

隨著科學技術尤其是資訊技術不斷發展以及企業間競爭的激化，消費者的作用和地位進一步提高。僅僅把消費者看成傳統意義上的「上帝」，已經跟不上時代的發展和變遷，是一種很落伍的觀念。因為這種看法說明企業與消費者之間有難以逾越的隔膜，不能達到很親密的關係。根據新的行銷觀念，消費者不只像上帝一樣處於高高在上的中心，更是企業的合作「夥伴」。離開了消費者，企業便寸步難行。企業發展越來越有賴於消費者。企業與消費者之間處於一種空前平等的關係中。企業與消費者之間將進行深層次的合作。從顧客的需求出發，開發讓顧客滿意的產品，透過加強市場調查研究，瞭解市場需求，確定顧客的產品需求，並讓顧客參與產品的設計和革新。這已經成為大多數具有遠見卓識的企業界人士所採用的普遍手法。

　　公司的經營和服務都是價值的主要模式，如果在與顧客打交道時失敗了，原因就是因為缺乏高素質的管理者和服務體系。

　　公司是一個大集體，員工像大海裡的朵朵浪花，畢竟大海的力量是巨大的，大海的魅力最令人神往。所以成功的管理就是注重整體、顧全大局。

　　整體思想性有一個獨特的客戶回饋機制。注意整體策略才不會犯類似揀了芝麻丟了西瓜的得不償失的大錯誤。一個成功的策畫，無論從創意到改進、到評估、到再改進、以至最後實施並取得成功，眼光都不能短淺，只侷限在這件事本身，管理者要謹記做到運籌帷幄、總攬大局，大處著眼，避免鼠目寸光、因小失大。雖然說起來總是容易，但做得好的卻沒有幾人。

　　迪士尼公司以大局為重，身為出色的管理者，在管理經營上很有一套，長遠目標和短期運作結合得很好。把客戶中心服務，以開始的概念一直發展到成功，透過此種方式，他把分散在不同地域的店發展成為有機、有序的大公司，零零星星透過系統的管理，統一的經營後，便成了大規模、大氣候。

迪士尼是這樣認為的：

你不是為自己生產產品，你應當知道別人的需求，並為他們生產產品。

迪士尼公司是靠「以人為本，以顧客為上」的最優秀的服務獲得了廣大消費者的支援而不斷發展，長盛不衰。在開幕的那一天，迪士尼宣佈了迪士尼主題樂園的座右銘：

「在迪士尼樂園，來訪者都是我們的客人。」

的確，顧客是最重要的，他們是公司的上帝，是掌握公司命運的主裁判。無論是公司的首腦、員工，一切的一切都是以遊客為主。來訪者被當作客人來對待也是迪士尼拍攝每部電影的主題。《美女與野獸》中的《做我們的客人》是1991年最走紅的歌曲。以客人為主題的想法隨時出現在迪士尼的每個想法和舉動中，迪士尼有自己的經營理念，當然也是以顧客為主。大家都喜歡迪士尼樂園，是因為迪士尼公司總把為大家營造歡樂的氣氛放在首位：由遊客和員工共同營造「迪士尼樂園」的歡樂氛圍。這一理念的正向推論為：園內的歡樂氛圍是遊客和員工的共同產品

和體驗，也許雙方對歡樂的體驗角度有所不同，但經協調是可以統一的。逆向推論為：如果形成園內歡樂祥和的氛圍是可控制的，那麼，遊客從中能得到的歡樂也是預先可度量的。

在共同營造園內氛圍中，員工發揮著主導作用。主導作用具體表現在對遊客的服務行為表示上。這種行為包括微笑、眼神交流、令人愉悅的行為、特定角色的表演以及與顧客接觸的每一細節上。

引導遊客參與是營造歡樂氛圍的另一重要方式。遊客們能和藝術家同臺舞蹈、參與電影配音、製作小型電視片、透過電腦影像合成成為動畫片中的主角、親身參與升空、跳樓、攀登絕壁等各種絕技的拍攝製作等等。

員工們的定位於主人角色。在「迪士尼樂園」中，員工們得到的不僅是一項工作，而是一種角色。員工們身著的不是制服，而是演出服裝。他們彷彿不是為顧客表演，而是在熱情招待自己家裡的客人。當他們在遊客之中，即在「臺上」；當在員工們之中，即在「臺後」。在「臺上」時，他們表現的不是他們本人，而是一具體角色。根據特定角色的要求，員工們要熱情、真誠、禮貌、周到，

處處為客人的歡樂著想。簡而言之，員工們的主體角色定位，是熱情待客的家庭主人或主婦。

其次，把握遊客的需要在經營娛樂中也十分重要。研究「遊客學」的核心是保持和發揮「迪士尼樂園」的特色。

迪士尼的特色何在，如何創新和保持活力？

把握遊客需求的動態的積極意義在於：及時掌握他們的滿意程度、價值評價要素和及時糾正；支援迪士尼的創新發展，從這一點上說恰恰是遊客的需求偏好的動態變化，促進了迪士尼數年的發展。

為了準確把握遊客需求，迪士尼致力研究「遊客學」（Cuestology）。其目的是瞭解誰是遊客，他們的需求是什麼。在這一理念指導下，迪士尼站在遊客的角度，審視自身每一項經營決策。在迪士尼公司的組織構架內，準確把握遊客需求動態的工作，由公司內調查統計部、信訪部、行銷部、工程部、財務部和資訊中心等部門，分工合作完成。

調查統計部每年要開展200餘項市場調查和諮詢專案，

把研究成果提供給財務部。財務部根據調查中發現的問題和可供選擇的方案，找出結論性意見，以確定新的預算和投資。

行銷部重點研究遊客們對未來娛樂專案的期望、遊玩熱點和興趣轉移。

資訊中心存了大量關於遊客需求和偏好的資訊。具體有人口統計、當前市場策略評估、樂園引力分析、遊客支付偏好、價格敏感分析和宏觀經濟走勢等。其中，最重要的資訊是遊客離園時進行的「價格／價值」隨機調查。正如迪士尼所強調的，遊園時光絕不能虛度，遊園必須物超所值。因為，遊客只願為高品質的服務而付錢。

信訪部每年要收到數以萬計的遊客來信。信訪部的工作是儘快把有關信件送到責任人手中。此外，把遊客意見每週彙總，及時報告管理上層，保障顧客投訴得到及時處理。

工程部的責任是設計和開發新的遊玩專案，並確保園內的技術服務品質。例如，遊客等待遊樂節目的排隊長度、設施品質狀況、維修記錄、設備使用率和新型娛樂專

案的安裝，其核心問題是遊客的安全性和效率。

現場走訪是瞭解遊客需求最重要的工作。管理上層經常到各娛樂專案點上，直接與遊客和員工交談，以期獲取第一手資料，體驗遊客的真實需求。同時，一旦發現系統運作有誤，及時加以糾正。

一個成功的企業，尤其是服務行業，必須完善整個服務體系。

「迪士尼樂園」的服務支援系統，小至一架電話、一臺電腦，大到電力系統交通運輸系統、園藝保養、中心售貨商場、人力調配、技術維修系統等等，這些部門正常運行，均是「迪士尼樂園」高效運行的重要保障。

管理者對迪士尼樂園內的服務品質導向有重大影響。管理者勤奮、正直、積極推進工作，員工們自然爭相效仿。在遊園旺季，管理人員放下手中的書面文件，到餐飲部門、演出後臺、遊樂服務點等處加班。這樣，加強了一線崗位，保障了遊客服務品質。與此同時，管理者也得到了一線員工一份新的友誼和尊重。

迪士尼認為員工和顧客之間的理解和尊重是雙向的，

你尊重他，他也會尊重你。這是一種「相互尊重」的精神。它體現在樂園的清潔衛生管理中。迪士尼對這方面，強調的是全園要完全清潔。公司認為，如果保持清潔，客人自然會尊重這份勞動，會幫助你保持清潔，若這個地方本來就很髒，人們自然會把這兒弄得更髒。迪士尼對清潔的執著是眾所周知的。

為了保持清潔，在樂園中不販售口香糖，花生也只販售不帶外殼的。園中有專為清潔而設的巡視人員，如果有人把髒物丟在地上，巡視人員馬上會把它撿起來，並勸扔東西的人下次注意。

迪士尼樂園從細處著手，認真處理類似扔廢紙這些小事，從大處著眼于建立全新概念。可無論大處小處，迪士尼以人為本，服務至上的精神無處不在。這有著深刻的說服力。

僅在1996年1月的頭一星期裡，在美國就有79.3萬人參觀迪士尼公司。這些大量蜂擁而至的人群證明了迪士尼經得起考驗的信念。瞭解顧客，真誠地、尊敬地對待他們，他們就會不斷地來訪。

許多公司意識到這一點，「顧客就是上帝」，但只是停留於表面，光說不做等於白紙一張。顧客要的是實際的行動。留住老顧客是十分重要的，是長遠的看法，事實證明，發展新客源比留住一位舊顧客多付出5倍的代價。這對於大量地吸引顧客是不利的。根據一項研究顯示，對顧客的保留率每年能增長5％的話，就相當於每年利潤增長25％～100％。這是因爲這個數字的背後是一大批消費群體和一大批行業。

第 4 章
《木偶奇遇記》魔鬼
存在細節於之中

1940年迪士尼推出動畫片《木偶奇遇記》，本片講述了一個名叫皮諾曹的木偶被注入了生命力，並夢想成為一個「真正的男孩」的經典故事。影片由義大利著名導演羅貝爾托‧貝尼尼擔任導演、編劇兼主演。

木偶奇遇記，這個寓意深長的故事，給了所有迪士尼影迷跨越時代的啟示：相信夢想，奇蹟就會出現！它不僅榮獲奧斯卡金像獎最佳原著音樂及最佳歌曲（當你向星星許願）二項大獎，並獲洛杉磯時報譽為「迪士尼最完美的動畫電影」！種種殊榮，奠定其不朽地位。當善良的玩偶製造師被睡夢包圍時，仙女賦予了他最心愛的木偶全新的生命，從此小木偶開始了一連串經歷，要如何擁有成為真正男孩所需有的美德——勇敢、誠實、不自私、勇於認錯，正是小木偶所要接受的試探！這次，也是第一次能在家觀賞全新色彩、亮麗繽紛的木偶奇遇記。相信，對曾經向星星許願的影迷來說，這個童話將永遠繽紛、令人無法忘懷！

第一節　迪士尼的魔鬼細節是這樣煉成的

　　任何一個行業的生意人都把大計劃看得很重要。但是很少有人明白細節能夠賦予宏偉的計畫深度。他們把宏偉的計畫賦以清晰的重點，然後在工藝上產生出驕傲感。注意那些小事情是把目標轉化爲高品質產品，或者是傑出服務的重要一步。正如偉大的建築師米斯‧凡‧德‧羅赫曾經說過的：「上帝也存在於細節之中。」

　　沒有必要告訴華德‧迪士尼，當追求卓越成爲目標時，那些看上去瑣碎的東西，其實是具有何等的意義。也許因爲他具備了一雙藝術家的眼睛，他意識到對細節的注重，是實現他夢想的關鍵所在。因此，他所創立的公司，是由成千上萬張圖片組成的無與倫比的動畫世界，以及那些令人難以置信的大量的細節構成的——迪士尼樂園和迪士尼世界。迪士尼公司爲了使客人們在迪士尼體驗神奇的經歷，在細節方面花費了無數的心血。

　　《木偶奇遇記》是一個以木偶和歹徒爲題材的故事，是羅蘭西尼1880年所寫的，看起來很適合攝製成卡通影

片,而且迪士尼企圖把它攝製得比《白雪公主和七個小矮人》還要好。攝製的過程還是和以前一樣,先由華德・迪士尼說出他的構想和情節,然後徵詢大家的意見。

這個故事缺少了《白雪公主和七個小矮人》裡面的許多吸引人的角色,雖然裡面有許多冒險的情節。而且木偶本身更是一個令人頭疼的問題,因為他的動作必須簡單、呆板、面無表情,而不能和正常小孩子那樣靈活掌握。影片攝製了 6 個月後,華德・迪士尼不得不暫停了影片的攝製,另外找了一位年輕的設計者——把木偶修改得更接近男孩子,而且把他的長條型改得比較圓一點,然後才重新攝製。大家都全力以赴,要把自己負責的部分攝製得最好,華德・迪士尼也讓他們自由發揮。結果影片的長度超過預定的三倍,特殊效果和深度都比《白雪公主和七個小矮人》更好,有藝術味道,但花費也很大,高達 260 萬美元。

當人們感歎迪士尼取得的成功時,往往忽視了它對細節的極度重視,也就是通常被人們忽略的這個公司投入了大量的注意力在細節方面,當然是在保證不使公司破產的前提下。這個公司在維持最低利潤方面和追求完美之間小心地尋求平衡。這種平衡的關鍵在於迪士尼公司的經營原

理，即從守衛到動畫設計師、會計部門的記帳者，都要在自己的崗位上努力工作。即使是麥克爾本人，在他的工作手冊中也記有他去一家主題公園時有關「撿垃圾」的事項。只要各部門都體認到自己工作的重要性，就沒有任何事情可鑽漏洞。

一、力求完美

迪士尼的檔案庫裡有一張華德‧迪士尼和他的十隻動畫人物站在一個攝影棚桌邊的照片。在桌子中間是5隻生動的企鵝。這些鳥都面向華德‧迪士尼，似乎它們知道，從他那裡能夠得到下一頓飯。這張有趣而迷人的照片完美地表現了迪士尼魔法和信條：製造出格外熱愛動物的王國，並且永遠追求完美。

華德‧迪士尼深深知道，當追求卓越成為目標時，那些看上去瑣碎的東西意義相當的重大。有人說他具備了一雙藝術家的眼睛，他實現夢想的關鍵是他對細節的注重。事實上，華德‧迪士尼可以說是迪士尼的第一位顧客也是最忠實的顧客，他幾乎遊遍了公司和樂園的每一個角落。

迪士尼決心要超越顧客的想像，所以他經常對自己動畫電影中的動作感到不滿，其實它們已經很漂亮了，但還

是不夠完美。

華德·迪士尼經常問自己：「我如何能做得更好？」

他不懂知足和隨遇而安，因為他是完美主義者，他不斷地努力去改進自己的產品，爭取做到最好，為自己的品牌樹立起最優秀的形象。他曾經說：

「每次我逛自己的一個景點，我都會想到這東西出什麼毛病了，並問自己怎麼樣能夠進一步提升？」

細節的格外小心，是迪士尼動畫電影的一個特徵，也是迪士尼品牌的優秀體現，如：電影《白雪公主和七個小矮人》中，有一個非比尋常的細節，從一塊肥皂上滴下來的水珠，有了這麼精心設計的細節，怎麼能沒有優秀的品牌誕生出來。

創造這樣一部電影魔術要求一位極其熟練的員工在場，當然，華德·迪士尼絕不忽視每一個細節。為了確保這一點，他總是讓有才華的來滿足他的要求。華德開始對員工們進行內部培訓，後來變成了一項制度，就是把藝術學校的老師引進他的工作室和畫創作人員一起工作。

事實上，該公司的任何一個角落都逃不過華德·迪士

尼追求完美的眼睛。為了充分證實所有的細節都沒有被忽視，以便他的顧客能夠在此享受一次獨特的、非比尋常的經歷，這位老闆幾乎到處留下自己的痕跡。他甚至決定，在迪士尼樂園中，垃圾桶的設置要嚴格地按照每25英尺放置一個。他把那些高品質的油漆用在過山車和建築物上。他簡直是過於細心，有時使用真正的金粉和銀粉。他甚至雇用一些人在迪士尼樂園中巡邏，以確保公園所有的顏色是協調的。

這位娛樂業的巨頭直覺地意識到整個包裝，包括顏色、聲音和味道對客人們觀看表演能產生一種什麼樣的衝擊。

如果這種整體地對待娛樂的方式令人感到過分的話，那麼你只要想一下，一家生意興旺的餐廳因為一個不協調的因素而走下坡，就可以明白了。也許這家餐廳的食品是一流的、服務是完美的、裝飾也很迷人，但是它的背景音樂卻不合用餐者的心意，用餐者也就不可能對這頓飯感到滿意。一個不協調的因素就可能將整個很令人愉快的餐廳或者其他地方的良好印象破壞掉。華德·迪士尼卻不想冒這種危險。

這就是爲什麼華德‧迪士尼公司的街道清潔員都要受到迪士尼大學的額外培訓，以便確保他們在客人離開的時候，能夠給予積極而和藹的對各種提問的回答。或許對街道清潔員進行客戶服務培訓顯得有點奇怪，但是這個公司是從幾年前的經驗中學到這一點的。這些雇員們被公園的客人問及許多他們不太熟悉的問題。如有一對疲憊不堪的夫婦，帶著3個饑腸轆轆的孩子，就有可能問清潔員，他們在什麼地方能吃一頓快捷、方便又不昂貴的午餐。爲了確保客人們在公園裡度過美好的一天之後，最後印象不至於被那種「別問我，這不是我的工作」的態度所破壞，迪士尼公司專門制定了一項爲期3天的對清潔員進行的個人技能培訓。

他們採用了一種積極的態度來避免可能存在的對公司的損害。迪士尼公司意識到公園的整個表現是很重要的；但是街道清潔員對待客人態度也同樣重要，也許他們的態度比客人們在太空山所遇到的態度更爲重要。

二、保持更爲微妙的平衡

在追求不可捉摸的理想的完美問題上，華德‧迪士尼確實是不遺餘力。前面提到的電影《小木偶》中吉米尼‧

克里克特這一人物的重新繪製就是一例。在耗資巨大的動畫工程已經啓動時，這個人物還要重新製作。因爲有人發現在迪士尼世界裡，旋轉木馬偏離了中心2公分，公司堅持要把它拆掉。「誰會注意到呢？」你可能會這麼想。迪士尼的員工不僅注意到了，而且他們認爲這樣的紕漏如果不糾正的話，成千上萬的客人有可能在假期中拍照，帶回家的照片上面展示的是一次不完美的遊園經歷。

柯達公司統計過，全北美5％的照片是在迪士尼主題樂園拍攝的，而且這其中大部分是以旋轉木馬爲背景拍攝的。一個偏離中心的旋轉木馬可能會讓這些照片看上去很奇怪。因爲人們穿越城堡時，覺得旋轉木馬是在中心，並且是在通往城堡的一條道上。公司自然地認爲這種不完美的旋轉木馬必須拆除，儘管已經投入了半數的費用。

所謂的不餘遺力從來也不是意味著浪費。華德・迪士尼非常清楚自己公司的基本資金情況。他總是預期投入的資金會以客戶滿意和員工的忠心作爲回報。華德・迪士尼是這樣看待投入的，對細節的格外注意將會帶來演職人員引以自豪的高品質。而且他知道如果工人們對自己的產品感到驕傲的話，他們就會把這種自豪化作優質服務再傳遞給顧客。

如果是對一些與提供優質表演無關的花費，那麼這位老闆實際上就是以所謂的一毛不拔而著稱。他從來不會為修建誇張的強調自我為中心的總部而花費，他也不會在他的主題公園上花費一分錢的廣告費。迪士尼爭辯道，他的電視節目已經為自己做了很突出的廣告了，為什麼還要在廣告上面浪費錢呢？在今天的環境之下，迪士尼有雄厚的廣告預算資金，但是他們仍然不為後臺工作浪費一分錢。

華德‧迪士尼還對資金安排和合夥人的選擇十分在意，他在保護自己的利益方面從不猶豫。雖然30年代早期的一項版權許可交易在第一年就為他帶來了30萬美元的收入，這其中華德‧迪士尼的股份占了公司年度利潤的一半，但他還是很快就發現了一個重大的損失。這項交易要求它的利潤比例隨著專案的出售而增加；但是因為新穎的專案出售得很快，轉而就在市場上消失了，那些被許可人可以賺到比迪士尼更多的錢。華德‧迪士尼就取消了這項安排，並且設立了一個內部銷售市場。

如今，迪士尼的高級經理經常要求演職人員在他們所謂的「高品質表演」和「高品質客戶服務」以及「高品質的商業表現」之間尋求平衡。產品應該在這三方面都表現

出價值：讓演職人員、顧客和公司都因錢櫃填滿而感到高興，並按照彼此需要在他們之間尋求平衡。公司正同華德·迪士尼一樣，堅信在各個方面對細節嚴格的注意是提供貨真價實、可靠服務的關鍵。只有這樣才能使客人回頭，同時又把成本維持在一個仍然能給公司帶來盈利的水平之上。

像迪士尼這樣成功的公司在商業和創造需求的平衡之間，嚴格地堅持一套核心價值觀，強調為顧客提供超乎他們想像的細節服務的重要性，並且鼓勵創新和在特定範圍之內的冒險精神。迪士尼毫不掩飾他在一定範圍之內倡導創造性的信條。1996 年接受《財富》雜誌採訪時，動畫部主任彼得·施奈德說截止期才是「創造的重要因素」。他們強調員工應集中精力於自己手頭的專案。要生產些東西，無論好壞或者無關緊要，他認為這些東西至少可以激發出下一個創意。當然截止日期是防止成本失控的關鍵。

在南拜爾公司裡，對細節的注重意味著當一位安裝或者維修人員在某一個特定位置的時候，人們就知道要進行適當的修理，以防問題的出現，同時要節省時間。正如鄧恩飯店的雇員那樣，積極態度是一種平衡品質和費用之間關係的重要因素。

三、向顧客傳遞品質資訊

企業進行品質管理，目的是為了透過滿足顧客而實現自己的效益。企業在品質方面「做」完之後，還要將企業產品的品質資訊透過適當的途徑傳遞給顧客，從而使企業的工作得到顧客的承認，並由此培養消費者對品牌的忠誠。

迪士尼總是追求不可捉摸的完美理想。在電影《小木偶》中，吉米尼‧克里克特這一人物的重新繪製就說明了這一點。

但迪士尼的這種做法並不意味著浪費。迪士尼用自己完美的產品向消費者證明了自己過硬的產品品質。

還有一個這樣的故事：華德‧迪士尼有一天在叢林旅行了一個景點，遊玩過後顯得很生氣，這個景點的廣告上聲稱這次旅行大約要花7分鐘。但他計算了一下時間，發現只用了4分鐘，這樣很容易讓客人們感到自己被欺騙了。這違反迪士尼的文化價值觀和沒達到華德‧迪士尼的品質要求，他命令這趟旅行立即加長時間。他宣稱對待細節粗心大意是不可容忍的，這樣的態度會使顧客懷疑迪士尼的信譽，懷疑他全心全意服務的宗旨和個人信條。

第二節　細節管理，大有可爲

一位出國歸來的朋友說起一件事。他在國外一家旅館住宿，因爲睡覺習慣是將枕頭墊高一些，便將另一床鋪上的枕頭拿到自己的床上。讓人意外的是，第二天晚上他的床上就多了一個枕頭。不曾謀面的服務員僅憑一個枕頭就判斷出了客人的習慣喜好，並且做得如此周到而不動聲色。

最近，又從報紙上看到這樣一件小事；在迪士尼樂園，一位遊客問正在掃地的清潔工哪裡有冰水？這名清潔工不便停下手中的工作，就指引遊客到對面的飲水機。遊客一轉身，這名清潔工看到飲水機旁邊正好站著一名服務員，於是用無線電對講機通知對方，等到那名遊客走到飲水機前時，服務員已經端著一個紙杯迎上來說：「您想要杯冰水，是嗎？」遊客驚訝得說不出話來。

一個枕頭、一杯冰水，體現出來的是商家體貼入微的服務；不能小看這種細節的能力，它能使顧客產生好感，這種好感就能形成一種「消費情結」，許許多多人的這種「消費情結」就是一種資源，構築起來的就是一個巨大的

消費市場。所以，這樣一些看似不起眼的細節，往往就是一些企業制勝的法寶。

在當今激烈競爭的市場中，怎樣才能使企業始終立於不敗之地呢？可以說答案就是：細節決定企業競爭的成敗。這主要也是由兩個原因造成：其一，對於戰略面、大方向，角逐者們大都已經非常清楚，很難在這些因素上贏得明顯優勢；其二，現在很多商業領域已經進入微利時代，大量財力、人力的投入，往往只爲了贏取幾個百分點的利潤，而某一個細節的忽略卻足以讓有限的利潤化爲烏有。在現實中，這樣的事情比比皆是，請看下面的幾個例子：

一頓奢侈的晚餐嚇走了外商

中國東北有一企業與美國一家大公司商談合作問題，這家企業花了大量功夫做前期準備工作。在一切準備就緒之後，便邀請美國公司老闆到工廠考察，在這家企業老闆的陪同下，參觀了企業的生產工廠、技術中心等一些場所，對中方的設備、技術水準以及工人操作等，都表示了相當程度的認可。中方企業老闆非常高興，設宴招待美方

老闆。宴會選在一家十分豪華的大酒樓，有20多位企業中層主管及市政府的官員前來坐陪。

美方老闆以爲中方老闆還有其他客人及活動，當知道只爲招待他一人之後，感到不可理解，當即表示與中方的合作要進一步考慮。美國老闆在回國之後，發來一份傳眞，拒絕了與這家中國企業的合作。中方認爲企業的各種條件都能滿足美方的要求，對老闆的招待也熱情周到，卻莫名其妙地遭到美方拒絕，對此也相當不理解，便發回信函詢問。美方老闆回覆說：「你們吃一頓飯都如此浪費。要把大筆的資金投入進去，我們如何能放心呢？」

對於這家東北企業來說，能得到一筆鉅額投資對於其未來發展具有重要作用，所以這次合作是一件大事，但這件大事卻因爲一頓飯的「小節」而毀於一旦。

如果說吃飯是一種「小節」，那麼隨地吐痰就更是一種小節了，但這種小節卻使一家製藥廠失去了一次大的機會。

一口痰終止了外商談判

中國有一家藥廠，準備引進外資，擴大生產規模。當時，請來了世界著名的拜耳公司來廠考察。拜耳公司派代表來這家藥廠考察。在進行了短暫的室內會談之後，藥廠廠長便陪同這位代表參觀工廠。就在參觀製藥工廠的過程中，藥廠廠長隨地吐了一口痰。拜耳公司的代表清楚地看到了這個場景便馬上拒絕繼續參觀，也終止了與這家藥廠的談判。

在這位代表看來，製藥工廠對衛生的要求是非常嚴格的，身為一廠之主的廠長都能隨地吐痰，那麼員工的素質可想而知！與這樣的藥廠合作，如何保證產品的品質呢？

50 億分之一的氯黴素含量導致出口退貨

浙江某地用於出口的凍蝦仁被歐洲一些商家退了貨，並且要求索賠。原因是歐洲當地檢驗部門從1000噸出口凍蝦中查出了0.2克氯黴素，即氯黴素的含量只占總量的50億分之一。經過調查，環節出在加工上。原來，剝蝦仁要靠手工，一些員工因為手癢難耐，用含氯黴素的消毒水止

癢，結果將氯黴素帶入了凍蝦仁。這起事件，引起不少業內人士的關注。一則認為這是品質問題，50億分之一的含量已經細微到極至了，也不一定會影響人體，只是歐洲國家對農產品的品質要求太苛刻了；二則認為是素質問題，主要是國內農業企業員工的素質不高造成的；三則認為這是技術問題，當地凍蝦仁加工企業和政府有關質檢部門的安全檢測技術，太落後於國際市場對食品品質的要求，根本檢測不出這麼細微的有毒物。而我認為，這50億分之一的資料，表面上看起來是一次貿易中的正常失誤，其實卻隱含著深刻的教訓——疏忽細節管理。

一、細節管理，四兩撥千斤

不少人可能有體會：談及企業管理方面的事，印象最深的往往不是那些深奧的管理學理論、管理的一般法則，而是一個個管理細節，鮮活的事例。

誰都知道，通用電氣總裁威爾許是企業管理界的大師，被譽為「世界經理人的經理人」，去年他便著手寫一本商業管理著作，書名尚未確定就被時代華納下屬的「時代華納貿易出版公司」以710萬美元的天價買下了在北美的發行權。但幾乎可以斷定，多數人瞭解並尊重這位傳奇式

人物，並非因爲他在管理學基礎理論上做出了多麼大的建樹，而是他身爲通用電氣總裁在長達20年的管理實踐中成功做出的一系列成果，特別是他身體力行的、爲人們津津樂道的一些管理細節。這些細節包括手寫「便條」並親自封好後給基層經理人甚至一般員工；包括能叫出1000多位通用電氣管理人員的名字；還包括親自接見所有申請擔任通用電氣500個高級職位的人……等等。在世界最令人欽佩的公司中很少有公司的老闆能這樣做。

再譬如，經理人員晉升應當透過考試這道程序，這也是不少管理學著作經常提及的，即所謂相馬不如賽馬。但每一家企業出什麼樣的考題，就是細節問題了。有誰會想到，通用電氣公司出的考試題既非來自經濟學典籍，也不是來自晦澀難懂的經營理論專著，而是把文學家莎士比亞搬了出來，要那些競爭高級職位的經理人就莎士比亞的一部作品寫篇「讀後感」呢？

美國麥當勞公司曾一度出現嚴重虧損，老闆克羅克經過觀察發現，造成虧損的一個重要原因是大型公司普遍存在的弊病──官僚主義。爲此，他想出一個「奇招」，將所有經理的椅子靠背鋸掉。於是經理們「被迫」紛紛走出

辦公室，深入基層，及時瞭解第一線動態情況，及時地解決問題，終於使公司扭虧為盈。

以上只是「細節管理」的兩個例子。如果說管理的一般法則是科學，那麼管理中的細節就是藝術。細節與藝術的關係早已不是什麼新話題。1941年，著名文藝批評家蘭色姆就曾提出，使文學成為文學的東西不在於文學作品的框架結構、中心邏輯，而在於作品的細節描寫。只有細節才屬於藝術，也只有細節的表現力最強，相比之下，作品中心邏輯的框架結構反倒是非藝術的。聯繫到企業管理，細節的寶貴價值更在於：它是創造性的、獨一無二的、無法重覆的。按照蘭色姆的說法，細節描寫不要說重覆，連「轉述」都不行，能夠轉述的只能是邏輯的東西、理論的東西。

的確，企業管理具有個案性，一些具體做法可以借鑒，卻很難複製。威爾許的「便條管理」不錯吧！據說收到便條的通用公司員工「興奮和激動不已，似乎勝過增加工資」。可是你要是覺得不錯，也照本宣科、龍飛鳳舞地給下屬寫起便條來，後果卻殊難預料。中國建築工程公司一位主管談及此事時說，我們是一個集團，誰去負責寫信

呢？這是一個問題。再一個問題，我寫信給誰呢？如果屬下的官員是個女性，這不會出問題嗎？3721網站創始人周鴻禕則稱，互聯網沒有經典，不要盲目崇拜西方管理，正是因為不瞭解西方管理，才會盲目崇拜它，當深入瞭解了之後，才發現西方那些成熟的管理經驗，能夠給予一個互聯網公司管理上的指導，只是第一步，其餘的，必須對照企業的情況來探索。

易趣CEO譚海音稱管理一半是科學，一半是藝術，說她在學校裡學的不是照本宣科的管理模式，而是一種思考方法。可否再補充一句：成功的企業家可以不是管理方面的理論家，卻必須是管理方面的藝術家。他們深諳「細節管理」的奧秘，處置問題於細微處見功夫，長於在管理學一般理論與本企業實際的結合上做出一篇篇堪稱藝術品的文章來。

二、迪士尼精益求精的細節管理

品質管理要真正得到實現，需要企業上下同心，從管理層到普通員工同心協力，全面重視品質管理。這就需要在企業內部要有良好的溝通方式和溝通管道傳遞給顧客。迪士尼不斷地在民意調查中位居前列，因為其堅信品質和

細節的重要性，雇員們最終被培養成對待公司像對待自己的家庭一樣的態度。他們揀起地上的垃圾，整理扔在大廳裡的報紙。每一個人，從小職員到宴會廳經理都受到培訓，不忽略任何事情。

要使產品達到如此完美的魔術般的效果需要極其熟練的員工在場，爲了能確保這一點，迪士尼請來有才華的藝術家對員工進行內部培訓。事實上，該公司的任何一個角落都逃不過追求完美的眼睛，這個娛樂業的巨頭深深知道整個包裝，包括顏色、聲音和味道對客人們觀看表演能產生一種什麼樣的衝擊，同時迪士尼也深刻地意識到注意每一個細節就是對公司品牌增添一道亮麗的色彩。

迪士尼樂園飲食部的一個經理一直堅持：早餐酒吧裡的每一樣食品，咖啡、果汁、蛋捲、奶油，每天都必須嚴格地放在同一位置。也許你可能會問，如果咖啡壺放在左邊或者右邊會有什麼不同呢？這位經理卻體認到，經常往來的客人們和那些定期的商業旅行者，會很欣賞不用再到別的地方去尋找咖啡，或者去分辨哪個是蘋果汁、哪個是橘子汁。

在興建迪士尼樂園時，爲了求得至善至美，致使經費

預算一再擴大。對於迪士尼樂園，迪士尼一絲一毫的細節都不放過，連垃圾箱的位置都要精心設計，嚴格要求。幾乎每一個行業的人都把大計畫看得很重要，這是顯而易見的，但是很少有人能明白細節能夠給宏偉的計畫以深度。或者有時就算明白卻不能堅持貫徹到底。他們把宏偉的計畫賦予清晰的重點，然後在工藝上產生出驕傲感。注意那些小事情是把目標轉化為高品質產品，或者是傑出服務的重要一步。正如偉大的建築師米斯·凡·德·羅赫曾說的：

「上帝就存在於細節之中。」企業管理者制定產品高品質的目標固然重要，但是要真正把這個目標貫徹到底，就必須使企業全體員工達成共識，並且有一套相對制度來約束企業上下，否則，高品質的品牌只能淪為一句空話。

三、讓顧客為管理的細節打分

迪士尼樂園的事業，存在於每位遊客及演出人員之間的互動關係中。用心去傾聽客戶的心聲是生存的唯一途徑。所有需要進步的企業都會對客戶進行滿意程度的評估調查。迪士尼是如何進行評估的？以及他們是如何分析出自己的整體成功的？並且從經驗中如何得知每位遊客的感

受？而這些是否會影響計畫及政策呢？這些都是要考慮的問題，在這樣的過程中，存在著許多因素。

透過迪士尼相關資料記載，他們在路邊架設電腦來觀察觀光客。透過電腦的記錄，可以看到最眞實的客戶心情。從事這樣工作的人員，稱之爲超級接待員。他們扮演的主要角色，是要到處走動並製造歡樂給客人。他們身上會穿著特別的T恤，上面寫著迪士尼樂園超級接待員幾個大字。每一個接待員身上都會有呼叫器，以便隨時做回覆。如果一個叫座的節目因爲某些原因而無法準時上場時，這場演出人員就會召喚超級接待員來此以便協助，這就是他們的主要工作之一。除此之外，他們還有一項同樣重要的任務，就是做遊客滿意程度的調查。他們攜帶著筆記型電腦，並且馬上將客戶的反應輸入電腦。他們像公司的特殊組織，在同一時間被派出，搜尋一些對公司有利的資料。這些超級接待員在每週的時間裡，都會有將近700到1400位客戶的反應資料。這些結果他們將會整理後交給演出人員。由這些資料可以看出，客戶對迪士尼的滿意程度近乎是百分之百。

這些舉動會不會讓客戶感到厭煩呢？有許多類似市場

調查的事都是很無聊的，事實上，大部分的調查是一種形式，根本沒有眞正意義上去盡心盡力地做些事，自然沒有好的收穫。而「超級接待員」是一個重要的人物，並不是虛設的。他們做實際的資料輸入，而由雜耍藝人進行調查工作。電腦程式的設計，運用到雜耍藝人以及迪士尼其他的角色，讓整個過程活潑有趣。

這些人物事後都已經建立在電腦裡了。客人很樂於接受這樣的市場調查方式。迪士尼在市場調查方式上都與眾不同，充滿了歡樂與高科技的色彩。其實這也是歸於「言論化爲實際行動」。它並不強調細節的部分，而只是在加強客戶的感受，在此同時，也將迪士尼的整體主題，帶入每個遊客的內心感受之中。當雜耍藝人提出問題時，這些客人就知道他們即將被訪問，但是這樣的設計員不過是襯景而已，目的是爲了讓遊客專心回答問題。

要多方採納顧客的意見，當然首先要知道有什麼意見，這就要用到市場調查，但並不是只有「超級接待員」這一種方式。這種評估是必要的，但利用其他的資源瞭解事情進行的成效，也同樣是很重要的。

第 5 章
《獅子王》讓夢想再冒險一點

　　《獅子王》是迪士尼公司的第32部動畫片，於1994年6月16日公映，贏得了全世界的關注和青睞，取得了史無前例的成功和輝煌，在很長一段時間內，它都是電影史上惟一進入票房排名前10名的卡通片，成爲迪士尼歷史上最成功的動畫電影。

　　《獅子王》是迪士尼錄製了四年而成的震撼巨片，是一部探究有關生命中愛、責任與學習的溫馨作品。無論是氣勢磅礡的非洲景象、逼眞的角色性格塑造，還是動人的背景音樂，《獅子王》的製作水準都當之無愧地代表了手工繪畫動畫電影的頂峰。進入《獅子王》，我們會看到一個新生的壯闊世界，並體驗到愛與冒險的生命感動。

　　《獅子王》是影史中最賣座的經典動畫。曲折感人的劇情、波瀾壯闊的畫面以及澎湃激昂的音樂成就了這部動畫史詩，上映後轟動一時，在全球創下了7.8億美元的票房記錄。迪士尼的動畫大師們運用水墨粗繪的手法把雄偉的非洲大地盡收於銀幕之上，主題曲Can You Feel The Love Tonight更是奪得當年奧斯卡最佳電影歌曲獎。《獅子王》爲傳統動畫片時代畫上了一個完美的句號，也成爲一座傳統動畫片再也無法超越的高峰。

第一節　冒險者的血液，挑戰者的姿態

迪士尼創業時把產品定位在銷售「歡樂」上，把娛樂當作一項產業來經營，本身就是一種冒險。可以說，迪士尼從誕生的那一刻起，它的身體裡就流動者冒險者的血液，它始終是一種挑戰者的姿態！

在商業界的各個角落，人們都可以發現首批下海者，他們的一個共同之處是敢於大膽冒險，他們很清楚地知道：抓住機會，需要人們能夠超越現實。更有甚者，他們似乎欣賞這種機會。華德・迪士尼正是這樣一種人。

事實上，如果迪士尼公司真的有一塊基石可以依賴，那麼只有一個詞可以用來描述它：勇氣。在華德・迪士尼經營公司的43年間，他敢於接受挑戰，敢於冒險，最終，敢於超越。

從他開始決定生產自己的卡通片那一刻起，迪士尼就追求成功的極限。他率先在卡通片《蒸汽船威利號》裡使用音響。在革新方法還未從整體上被整個行業接受時，他已經與彩色電影公司簽約並聰明地堅持對他們的卡通片擁

有為期兩年的獨家經營權。他首創了與故事片長度一樣的卡通片《白雪公主和七個小矮人》，徹底消除了人們一時對成人是否能夠坐90分鐘看完卡通片的懷疑。

甚至華德‧迪士尼決定建立迪士尼樂園也代表了娛樂界一種新的冒險概念。直到那時，娛樂公司還帶有某種令人厭惡的含義，那種50年代以前狂歡節的俗氣。迪士尼夢想一個地方可以體現具有歷史意義的重新建設：展覽和旅遊相結合，迪士尼的勇氣使它成為一個世界上著名的旅遊勝地。

迪士尼的經驗說明，一個公司如果樂於做有意識的冒險，就能提高產品和服務發展水準，隨後獲得巨大的回報。但並非所有公司的員工和經理都是如此，患得患失使他們有太多的選擇。他們陷入公司官僚主義的困境，使管理不能順利進行。

敢於冒險的人往往是那些不被既定的規則約束的局外人。這種與常規背道而馳的現象在繪畫藝術中經常出現，而繪畫史就充滿了這種創新的例子。法國印象派畫家克勞德‧莫奈在他早期的繪畫生涯裡，由於大膽地運用明亮的色彩，與傳統的繪畫方式不同，而受到了人們的譏諷。

把華德‧迪士尼描繪成局外人似乎有些奇怪，然而這正是他多年來在好萊塢的所作所為，身為卡通片的製作人，他在短時間內受到了人們的崇拜。即使是30年代初電影學院頒發給他的特別獎，也被行業人士看作是處理公共關係的手段。有些人認為，享有「家庭」產品製造者聲譽的迪士尼，正被列為行業受譴責的人；直到《白雪公主和七個小矮人》獲得奧斯卡獎，好萊塢才真正承認迪士尼。

華德‧迪士尼一生都與電影業的頭號人物保持著距離。在他的電影裡從不用名氣大的演員，也不邀請他們參加豪華的宴會和迪士尼樂園活動。華德‧迪士尼同樣也避免與有名的代理商談交易。很早，他就建立了自己的標準並一直堅持下去。

一、雙重冒險，盡顯獅王本色

華德‧迪士尼最具魄力、最大的冒險表現在他使公司戲劇性地進入百老匯。打入的第一部作品是《美女與野獸》，引起了人們對把動畫電影改編成舞臺劇是否明智的懷疑。但是在搬上舞臺4年之後，這部戲劇仍然得到觀眾的喜愛。再近一點，呼聲很高的電影《獅子王》再次創下了百老匯的紀錄。

　　《獅子王》的上映對迪士尼公司來說是雙重冒險。首先公司投入了大量資金來翻新紐約四十二大道上新阿姆斯特丹劇院，幫助城市改善周圍荒涼破敗的環境。其次，電影音樂的戲劇表現為阿姆斯特丹舞臺帶來了巨大的活力。以它翻新後的舞臺，以及由那位多才多藝的導演朱莉‧泰勒設計的對木偶滿想像力的作用，在百老匯那漫長和輝煌的歷史中再次創下了紀錄。一位評論家說道：「作為視覺壁畫，它是無與倫比的。」毫不奇怪，這一部電影馬上獲得巨大成功，向世人證明華德‧迪士尼公司仍然敢於冒險、敢於超越，敢於給觀眾提供真正的藝術。

　　影片的背景被設在了生命力旺盛的非洲草原，圍繞著一隻生來就注定要成為萬獸之王的小獅子辛巴的成長歷程，對於辛巴與父親間純屬男人式的情感、整個家族間的身心與歸屬感進行了精彩的刻畫，但影片並非只著眼於這些軟性的訴求方面，對於權力鬥爭、罪惡感與生命中應承擔起之責任等硬性的主題同樣做了完美的詮釋。愛、成長、生命、自我救贖這類有深遠意義的感性主題，在色彩鮮豔耀眼的非洲綴錦上，如同金線般發出亮麗的光彩。

　　《獅子王》一直被稱為是「動物界的《哈姆雷特》」

，它除了復仇的主題外，也反映親情、友情的主題，很多人認爲，它吸引人們的真正原因就是其間所散發著的時代氣息。

《獅子王》的成功並非偶然，優美的音樂、動人的故事情節、流暢的畫面、深刻的主題，這一切都在狂熱地席捲著全球票房。尤其值得一提的是，迪士尼公司專門請來了世界頂級音樂製作人艾爾頓‧約翰和著名的配樂大是由漢斯‧季默爲《獅子王》量身配樂，將廣闊的非洲音域和迪士尼動畫因素完美地結合在一起，終於創造出這不朽的動畫奇蹟。《獅子王》上映的時候，幾乎達到萬人空巷的地步，其轟動程度令其他電影公司望洋興歎，它給動畫世界帶來的效應爲以後的美國動畫留下了深遠的影響。

和大多數由神話和名著改編的迪士尼動畫電影不同，雖然《獅子王》的身上有大文豪莎士比亞的名著《哈姆雷特》的影子，但它仍被看成是一部原創性的電影，因而獲得了眾多的喝彩。《獅子王》的熱浪席捲了世界各地，被配置成27種不同語言，在46個國家和地區都受到觀眾的熱烈歡迎，並贏得了世界上數以百萬觀眾的心。值得一提的是，它在兒童和成年人中孵化出了流行音樂——《今夜你

是否能感受我的愛》、《生命輪迴》，因而恒久不衰，成為百老匯流行的音樂片。

《獅子王》是迪士尼錄製了 4 年而成的震撼巨片，是一部探究有關生命中愛、責任與學習的溫馨作品。它的電影音樂洋溢著濃厚的世界樂風，成功地營造出了片中非洲大地自然雄渾的生命氣勢。進入《獅子王》裡，它向我們展示了一個新生的壯闊世界，讓我們體驗到愛與冒險的生命感動。

——《紐約時報》

※   ※   ※

在好萊塢歷史上，動畫片總是能創造出奇蹟。《獅子王》以音畫的完美交融、人性化的處事方式傳遞了生命鏈和進化的原理，因而使得這部影片高了幾個檔次。

——知識論壇

※   ※   ※

《獅子王》以絢麗的色彩、動人的音樂、誇張的形態、幽默機智的語言和人性化的動作，使辛巴、娜娜、穆法沙、西滿、彭彭與刀疤、鬣狗之間的故事贏得了無數不

同國度兒童的喜愛。而本片史詩般的宏大場面和意味深長的人性的演繹又引起成年人有關生死輪迴、智慧傳遞等終極問題的哲理思考。

——沙向明

二、唯一不變的是冒險精神

迪士尼從來不畏懼風險。在創業之初，爲了讓米老鼠開口說話，華德·迪士尼經受住了第一次失敗。但華德·迪士尼依然相信，米老鼠一定要說話，他變賣了自己最心愛的汽車，也要進行第二次試驗。正是有了執著與努力，才使他獲得空前的成功。在成功之前是艱苦的，這是必然的，沒有不耕耘就收穫的道理。爲了使用新技術，華德·迪士尼曾經輕信了技術和經濟上的大騙子，最佳卡通製作搭檔伊沃克斯也被騙子挖走，被騙走了十幾萬美元，人財兩空。這是一個大打擊，它使迪士尼陷入了前所未有的困境，幾乎使華德·迪士尼精神徹底崩潰。

華德·迪士尼又找到了聯藝影業公司合作者。聯藝答應每部片子給1.5萬美元的資助，並簽署了幾部一套的《胡鬧交響樂隊》。不過，聯藝影業公司要求快點交貨，以便放映他們收到的第一部迪士尼影片。

華德‧迪士尼的精神已經失去了往日的色彩，有了一絲絲的灰塵。他製作了一部《胡鬧交響隊》後，與妻子莉蓮一道去度假。他需要休息，需要恢復元氣。華德‧迪士尼勉強創意了《花與樹》的動畫片，讓員工們去拍攝，自己去度假散心。很明顯，也許是預感，這部在特殊時期的影片將不會有生存的餘地。因為華德‧迪士尼的要求是很苛刻的。

當他度假回來之後，《花與樹》已拍攝完成，正準備向聯藝影業公司交貨。

華德‧迪士尼的南美之行，似乎使他精神煥發，找回了往日的靈感和直覺判斷力。他集中注意力地看完新片子之後，覺得品質太差了！他感到慚愧，這部片子缺少以前《胡鬧交響樂隊》影片所獨具的那些特質。

「立即扔掉，重新攝製。」華德‧迪士尼就像要急於毀掉「罪證」似地。

這嚇壞了極重視成本預算的羅伊。

華德‧迪士尼不僅要重拍，而且構思一個比「重拍」還費錢的主意。

華德‧迪士尼想拍攝彩色電影。彩色電影技術讓華德‧迪士尼十分振奮。他滿懷熱情地回來之後，信心十足地認為他的後來的卡通片，都一律使用這種特殊的工藝。

他為自己的構想而欣喜萬分，就像在茫茫大海中找到了一塊浮木。他把自己的構想告訴了羅伊。羅伊卻表示強烈反對。他嚴正指出：用彩色方法重新拍攝《花與樹》，會比原先的預算增加很多。在別人眼裡，華德‧迪士尼簡直想毀掉自己的公司。羅伊提醒華德‧迪士尼說與聯藝公司講定的價錢與時間是要注意的。現在如果想改變為時已晚。添加色彩，增加多少費用將不得而知。這種反反覆覆的提醒，並沒有改變什麼。華德‧迪士尼一旦確定了什麼就再也不會悔改，這是華德‧迪士尼一直也改變不了的執著。華德‧迪士尼又將全身心地投入到彩色電影中。

華德‧迪士尼去見「彩色電影」公司的卡爾馬斯！

華德‧迪士尼以迪士尼的聲譽擔保：如果「彩色電影」公司要用鼎鼎大名的迪士尼作為他的顧客，那它就得有所報償。

卡爾馬斯馬上明白了華德‧迪士尼的意思。結果「彩

色電影」公司給迪士尼製片廠的卡通片使用這種新方法以兩年專用權，拒絕了烏布‧伊沃克斯等有卡通片的製片者。

「迪士尼都採用」，是比什麼都有力的廣告。卡爾馬斯為此雖然要在兩年內不能做其他卡通片製片商的生意，但卻不妨礙他做其他片種的生意，因此他樂於接受！

重新攝製的《花與樹》終於完成了。

華德‧迪士尼的《花與樹》彩色影片一出世後，就威力四射，一發不可收拾，好萊塢林蔭道上中國劇院的錫德尼‧格勞曼看完《花與樹》的樣片後擔保這部片子一定會大獲成功，並給他的劇院下次首映片訂購了一部《花與樹》。「中國劇院」的首映片是《奇異的插曲》，由諾瑪、希拉與克拉克、蓋博主演。而《花與樹》只是附加片。但結果卻是《花與樹》喧賓奪主，搶足了風頭，它從評論界所獲得的好評是比「正片」熱烈得多！

華德‧迪士尼採用了新技術又一次成功了，但也有一個不變的事實，彩色影片的成本越來越高。羅伊的擔心是必要的。將黑白片全加上色彩，成本自然大大提高。但彩

色片的效果比提高成本要划算得多。這又是一個交換，多的換來了更多的。羅伊只是一味的「加、加、加」。而華德・迪士尼卻懂得乘法奧妙。《胡鬧交響樂隊》很少像黑白片時代那樣僅僅放映一個星期了，而是超過一個月之久。影片租金兩倍、三倍至四倍地翻！額外的收益大大超過著色的費用！事實證明，這是一個很好的應用乘法過程。只有高超的運算者才能預測這一過程，相信最後的得數會是對自己有益無害的。《花與樹》在經濟效益之外，又獲得了一個額外的「商譽效益」的美稱，它為華德・迪士尼贏回了一項奧斯卡金像獎。這是華德・迪士尼的第一部奧斯卡金像獎的影片，言外之意還有第二部……

《花與樹》的獲獎，是一種對新科技的鼓勵與認可。該獎評審的確眼光不俗，對劃時代的電影技術，有著敏銳的感覺。從此，華德・迪士尼的成就就得到了政府的承認。他收到了成千上萬的賀信，在眾多信中，有一封他是永遠珍惜。他丟掉了所有其他的賀信，唯獨保留了伊沃克斯的這一封。他感覺到伊沃克斯最終還會和他攜手合作。終於，伊沃克斯回到了華德・迪士尼的身邊。而且在以後的工作中貢獻出了一項新技術。

華德・迪士尼繼成功地推出了《白雪公主和七個小矮人》後，又積極籌拍《木偶奇遇記》，他對《木偶奇遇記》情有獨鍾，對它要求極高的藝術技術。他決心向「多層次」影片進軍。「多層次」影片會顯得更加逼真生動。華德・迪士尼組織了他認為最有才華的畫家來做攝製的工作。這是伊沃克斯回到華德身邊的第一部片子。他幫華德・迪士尼改進了多層次攝製法。這種方法，可以把做好的圖拍攝成許多層次，形成立體感，但很有序，這種技術對《木偶奇遇記》的栩栩如生的風格非常重要。

　　《白雪公主和七個小矮人》的投資已曾經稱為「迪士尼蠢事」。而1940年2月上映的《木偶奇遇記》總共耗資300萬美元以上，是當時美國卡通片耗資最高的一部，超過了《白雪公主和七個小矮人》。其中有一重要原因，就是在拍攝《木偶奇遇記》時，在藝術和技巧方面華德・迪士尼絲毫不懈怠。伊沃克斯的多層次攝製法被廣泛採用，則是這部片子投資直線上升的主要技術原因。

　　多層次拍攝法拍攝的速度很慢。每小時只能處理1千英尺的底片。因為它相當於把一個很長的膠片進行多次重疊，長度自然縮短了。華德・迪士尼根本對成本不予理

會，只求得到他所要求的效果。這部片子片頭部分長度只有45秒鐘，卻耗資4.5萬美元，每秒成本1000美元！簡直是一個天文數字！

《木偶奇遇記》獲得了廣泛的好評，紐約一大報刊發表權威人士評論，認為此片「真是一部十足的天才作品」，「動畫的境界被開拓得十分廣闊。」《木偶奇遇記》又一次創造了奇蹟，成為當年第二部創利最高的影片。那時，票房收入高過《木偶奇遇記》的只有一部影片——《飄》，但它是不同類影片——真人實景的影片，因而不具有可比性。也許不該這麼說，所有的影片都應一視同仁，無論真人還是卡通，畢竟它們所要征服的都是同樣的觀眾。它們站在共同競爭的起跑線上，有共同的實力、共同的目標。

1955年迪士尼決定建立迪士尼樂園。他要求朋友們幫助，朋友們不願意；他向銀行家貸款，銀行家拒絕。但是過了10年之後，誰也不懷疑，迪士尼樂園真是賺大錢的好行業。迪士尼樂園開辦之初，並不是處處完美的，那時有會動的假動物，但動作簡單，一點也不逼真。在樂園開辦成功之後，迪士尼就致力於研究製造出像真實人物一樣會

動的東西。其實樂園裡最富挑戰性的工作之一就是使立體的東西能夠動起來，但不能僵硬，那樣會顯得太假。在這一方面，迪士尼同樣不斷令人矚目取得成功，人們之所以能幸運地在迪士尼樂園中得到逼真而全面的享受，根源於迪士尼對利用新技術創新的堅持。

第二節　迪士尼的冒險突圍戰略

　　在競爭的時代，只有面對風險，實行風險經營者，有可能在風險中生存和發展。任何一項要改變現狀、向未來探險的戰略，如果要取得顯赫的成功，都需要一定的冒險精神。可以說，沒有冒險精神，就不可能產生傑出的戰略。

　　美國哈斯布羅玩具公司的總裁哈森菲爾德總結他的風險決策時認為，經營總是有風險的，因為經營者在採取某項經營行動時，事先是不能完全肯定會產生某種後果的，只能知道可能會產生的幾種後果以及每一種後果出現的機率。如開發一種新產品，雖然不能肯定是盈利或虧損，但可以肯定會出現盈利或虧損兩種可能性，每一種可能性占多大比重就是機率。企業決策者在衡量盈利的概率大於虧損的機率，做出投資生產的決策，這是面臨風險的。換句話說，企業只要在同一條件下既存在盈利的可能性，又存在虧損的可能性，其做出的決策都帶著風險。

　　克勞塞維茨說過：「在戰爭中不冒險就將一事無成。」「在有些場合，最大的冒險，倒表現了最大的智

慧。」在經濟學上或者在戰略管理學上，也是如此。

比爾，蓋茲指出：在經營管理的環境中，「戰略」幾乎成為「冒險」的同義詞，它需要管理者具有承擔風險的勇氣。

冒險是一種最為高級的藝術。因為它需要極為特殊而又極為罕見的能力和素質。只有那些具有冒險家能力和素質的人，才有可能在冒險中獲得成功。冒險精神是企業家精神的一個重要內容。它不是指盲目、無方向、無目的的冒險。迪士尼的每一個重大的策畫和變化，多少都有一定的冒險，這在迪士尼這樣以創意創造財富的公司是非常平常的事情。那麼，迪士尼的冒險精神究竟是如何來體現的，迪士尼的冒險在它的管理中是如何營運的呢？

一、堅實基礎上的冒險

心理學家可能會把華德‧迪士尼描繪成天才的冒險家，即那種擔心失敗的心理被需要迎接新的挑戰所戰勝的人。他的兄弟羅伊‧迪士尼更謹慎一些，經常把他看成「瘋子」或「古怪的人」。當羅伊‧迪士尼負責家庭財務時，華德‧迪士尼經常受到警告的干擾，他讓羅伊‧迪士尼去勸說銀行家同意新的貸款或延長舊的貸款。

問題的關鍵是，華德・迪士尼雖然從本質上講在政治上和個人事務上有些保守，但處理自己工作時，卻絕不受傳統的束縛。他相信自己的價值和信念，相信自己的天才同事，相信本能；相信如果給予良好的機會，這些優點的巧妙結合將會戰勝一切。

　　這並不是說他會利用想到的每一個主意。如果一個主意與他的藝術和財政尺度相符合，他肯定會毫不猶豫地去冒險。最重要的是，任何未來的計畫都要透過華德・迪士尼的標準「家庭娛樂測試」。但如果他認爲一個計畫符合他的夢想，他會迅速行動，走在同列之前。

　　另一個不怕冒險，實現自己理想的商業巨人是李・艾柯卡。他的名字複雜地與克萊斯勒汽車公司聯繫在一起，如果問某一輛車是克萊斯勒的還是艾柯卡的，這個問題並不是那麼牽強附會——特別是當被詢問的車正好是80年代購買的道奇或普利茅斯的小客車時。在艾柯卡還是福特汽車公司總裁時，他想出了小客車這個主意。事實上，早在1974年，艾柯卡就開著一輛小客車樣車，坐在車裡的有福特公司的產品工程師哈羅德、斯珀里奇及兩位福特設計師。

艾柯卡喜歡轎車的空間大。但為了更好地工作，車需要一個前輪驅動發動機，車廂不可隨便設計。這是一項花費昂貴的工作。亨利·福特二世，福特的極端保守主義主席、總經理不願冒險和花錢。亨利頭腦裡還縈繞著對20年前福特·埃茲爾慘重失敗的記憶。

當艾柯卡1978年離開福特時，得到威廉姆斯·克萊·福特，亨利最小的弟弟的許諾，讓他帶走關於小客車的消費者調查。「當時我還不知道我要去克萊斯勒。」在1994年的一次採訪中，艾柯卡告訴《財富》雜誌：「我極其渴望製造這種車，因為調查結果的說服力是如此之強大。」早在幾年前，哈羅德·斯珀里奇來到了克萊斯勒。因此，當艾柯卡也來到這兒時，一個生產高利潤消費產品的基地正在形成。但是首先，艾柯卡得找到錢來完成小客車的專案，在艾柯卡接管時，這個專案被人們描寫成一潭死水，前景暗淡。艾柯卡從別的計畫裡挪用資金，如他們所說的那樣，是前所未有的事。

像他之前的華德·迪士尼一樣，李·艾柯卡在面對跟前的災難時，敢於順著自己的感覺行事。後來，在小客車銷售額上升時，人們進行了一場爭論，即到底要不要再投

資上千萬美元擴大生產能力？上層主管擔心小客車可能只是一時的潮流；艾柯卡則堅決反對他們的這種想法，他相信自己正探索到一個潛力巨大的市場。「人人都反對我，」艾柯卡告訴《財富》雜誌，「但這恰好是使馬兒跑得快的動力。」

然而，不完全是這樣，艾柯卡有早先做的可靠市場調查的基礎，更不必提他那堅強的說服力。他並不是在與未知的世界打賭，他是在有說服力的數字和可靠的感覺上做一次值得一試的冒險。

福特和通用汽車公司都生產了小客車型汽車，但兩家公司都不敢出資投入市場。由於猶豫不決，他們輸給了克萊斯勒汽車。

二、避免目光短淺

應當承認，有無能力確定所採取的行動是否會使顧客和雇員處在危險中，不是一件容易的事。另外一些經理會非常堅決地保護自己的領地以維持現狀。無論這些活動看起來是多麼地合理，這當然與目光短淺有關。我們已在第三章中討論過了。這是對革新冒險的一次死亡之吻。許多大公司由於思想傾向而開始走下坡路，其實是由於對過去

的成就存在著一種危險的自我滿足感而無力接受挑戰。

　　當然，華德·迪士尼對這種心態表現出完全不同的做法。在高科技面前，他知道，只緊緊抓住過去的成就是不能生存下去的，他要使自己永遠跟上新科技的發展。當40年代及50年代初期，電影業頑固地拒絕向電視網出售自己的產品，想以此阻止電視業的發展時，華德·迪士尼採取了一個完全不同的觀點。他看到了電視的未來市場價值，他抓住了新媒體提供的機會，體認到這可為他的產品翻開新的一頁。

　　雖然華德·迪士尼敏銳地看到了未來的電視市場，他還是驕傲地拒絕了電視網最初的建議。像往常一樣，他要控制他工作的整個環境。他擔心黑白螢幕對他的彩色卡通片和電影不利。

　　1953年，他與年輕的美國廣播公司做了一筆電視交易，部分原因是電視網同意資助迪士尼樂園，作為回報，美國廣播公司獲得了迪士尼電影和卡通片的版權。這樣，正當50年代的電影市場不景氣，觀眾都被家裡耀眼的電視螢幕吸引住了，迪士尼卻建立一個聯盟以新的方式生產自己的產品。今天，迪士尼公司不但擁有了自己的一系列成

功的電視網，包括有線頻道，還擁有美國廣播公司。

三、冒險以理性考察爲基礎

迪士尼的冒險成就了一個個巨大的成功，從一鳴驚人的成功後回溯，可以發現，當初石破天驚的冒險也是由許多經驗積累的，是由市場需求決定的。

這就是迪士尼的冒險，不是像賭徒那樣，完全把寶押在「運氣」上面。冒險需要理智的判斷，而不是運氣的降臨。如果一點可能性都沒有，就冒失的做起來常常會一敗塗地，這樣不是冒險，而是盲動，有時簡直就是一種自殺行爲。所以冒險要建立在一種科學分析、理智思考和周密準備的基礎之上。

在創業初期華德‧迪士尼每週工作7天，每天拂曉開始，深夜收工，不到一個月，他找遍了所有門路，從一項業務中總共才掙到135美元。這樣微薄的收人無法讓公司正常運行。他開始確定目標。華德‧迪士尼開始接觸卡通是由他從事漫畫工作開始。他應聘到堪薩斯市電影研製廠的第一個任務是爲新近劇院流動的「動畫」廣告畫各種人物的線條畫，1919年，當「小貓費利克斯」系列動畫片取得空前的成功，動畫片忽然大受歡迎。「小貓費利克斯」變

成了當時最受歡迎的動畫片角色。動畫片的需求量很大，
廣告公司便開始啓用動畫形式爲電影做廣告。動畫片製作
費非常低廉，但顧客很喜歡。

　　華德·迪士尼開始爲他今後的冒險大行動做努力，同
樣他的所謂「冒險」也建立在對現實的深入考察基礎上，
不但立足于科學技術的進步，更著眼於消費者的求知、求
新的心理需求。他透過製作短片，學到了攝製電影和動畫
片的基本技術。他向公司的攝影師學定格攝影的技巧。華
德·迪士尼越學越著迷，知道只要移動不僅能表現身體的
動作，還可以表達感情，華德·迪士尼從此喜歡上了卡
通，他把兩本關於動畫片的書影印下來，每當空閒時就仔
細研究，每天晚上收工後，他把自己鎖在汽車庫裡，花幾
個小時研究攝影機的操作，他總愛做實驗，他玩過一些
「把戲」，把拍好的膠片先裝片尾，使得放映時最後的鏡
頭先出來，這樣一直放映下去，看看效果如何。迪士尼幾
週後已經掌握了攝影機，他知道變換快門的速度，可以產
生快速和慢速動作，他開始製作一些有獨創性的動畫片，
這些作品在概念和技術方面都完全勝過他白天製作的那些
片子。

【問卷調查】：

你想不想知道自己能擔多大風險？對未來發展可能產生的影響？試試看下面的測驗。

測驗包括20道題，詳細閱讀每一道題假想自己處於題目所描述的情形中，然後根據下列5個反應選出一個最適合你的，把分數寫在括弧中，做完20道題，再根據計分方式算出得分。

1．——免談！

2．——我不可能加以考慮。

3．——如果有人鼓勵，我會試試。

4．——我可能會做。

5．——我絕對會做。

(1)你去看表演，舞臺上的催眠師徵求自願者上臺合作，你會上去嗎？

(2)在公司最成功的部門中，你的職位既高又安全，有一天老闆給你機會，讓你接任另一個部門的副總經理，不

過，這個部門情況很糟，一年之內已換了兩個副總，你會不會接下新職？

(3)你正想存錢做生意，有個好朋友靠不正當手段發了一筆財，想給你機會也撈一筆，酬勞是4萬元，你會去做嗎？

(4)你有機會看到一些密件，裡面的資料對你日後工作前途很有價值，但是你若被人發現了，會被炒魷魚，名譽也會掃地。你會看嗎？

(5)你要去趕一班飛機，趕上了就可獲得一紙賺錢的合同，趕不上就可能會賠掉老本。偏偏你在高速公路上碰到塞車，只有在很危險的路段上前進才趕得上飛機，你會這麼做嗎？

(6)你在公司要升遷，唯一的辦法就是暴露公司中的一名比你強的人的缺點，但他注定會展開反擊，你會開火嗎？

(7)你得到一組內線消息，對你公司的股票會有重大影響。而做內線交易是違法的，但很多人都這麼做，而且你會因此而大賺一筆，你會做嗎？

(8)聽過一名著名的經濟學家演講後，你有問題想發問，但這名經濟學家常在大庭廣眾之前給人難堪，你會發問嗎？

(9)你終於存夠了錢要實現夢想：到世界各地旅遊一年。但就在你出發之前，有人給你一個工作機會，可以讓你這輩子過得相當舒服，但你必須立刻答應並上班，你仍會去旅遊嗎？

(10)你有個表弟古怪又聰明，他發明了一個古怪的茶壺，燒開水比普通茶壺省一半的時間。他需5萬元把它正式做好並申請專利，你會拿錢支援他嗎？

(11)你到國外旅行，那個地方的人多數不會說中文和英文，當然，你在旅館吃牛排、馬鈴薯沒有語言問題；如果上當地館子吃帶有異國風味的食物，語言可能會有麻煩，你會上街吃館子嗎？

(12)假如你有一臺烘衣機，有一天你發覺烘衣機不動了，可能開關有毛病，你看到開關上只有兩顆螺絲釘，也許可以旋開螺絲釘看看自己能不能修，你會這麼做嗎？

(13)在一群有影響力的人面前高談闊論，也許會令他

們不悅，但在一件你認為很重要的事情上，他們的論調你實在不能苟同，你會說出來嗎？

(14)你仍然單身，並在報上看到一則徵友啟事，各種條件似乎都很適合你，你以往從未想到對這種啟事有所行動，這次會嗎？

(15)假設你和老闆到美國拉斯維加斯參加商展，你和老闆在賭場賭錢，你賭輪盤賭贏了少許，突然你有一種感覺，如果把贏來的錢統統押紅色，你會贏；但如果輸了，卻會讓老闆對你產生錯誤印象，你會押嗎？

(16)一家博物館即將開張，很多明星都會到場，場面非常熱烈。但博物館屬私人性質，只有會員才能參加。你正好有合適的服飾穿起來像個大人物，可以蒙混進去，但你可能會被守衛識破，吃閉門羹，你會試嗎？

(17)你暗戀你的一位同事，但沒有人知道。現在你的同事必須到另一個城市去謀求更好的工作，你考慮要表達幫他（她）整理行李的心意，你會說出口嗎？

(18)你在荒郊野外開車，風刮得很大，你看到一個路口，看起來是個捷徑，但路口沒有指標，地圖上也未標

明，你會不會走這條「捷徑」？

(19)你和幾位做鯊魚研究的朋友一起度週末，準備游泳玩水。你們發現附近有鯊魚出現，你想要留在船上，但朋友卻邀你下水，說只要遵守幾項簡單的原則，就不會有危險，你會下水嗎？

(20)你在公司某部門工作，你有新的想法可以改善部門的效益，但這種想法已為管理階層拒絕，你想考慮把建議告訴更高管理階層，但你知道管理階層必定會不高興，你會做嗎？

以上各題都按照所填數字計分，1代表1分；2代表2分；3代表3分；4代表4分；5代表5分，全部作答完畢後，替自己算算分數，求出總分。

〔解釋與說明〕

根據研究，肯冒險的人自認為有高度自信與雄心，他們會花更多的時間專注於自己的目標，而不是嫉妒別人的成功。

在國外，很多大公司喜歡雇用有自信、有創造力的冒險者，並且鼓勵員工冒險，偶爾也情願讓員工冒險失敗，

從中學習些什麼。根據《追求卓越》In Search of Excellence 一書的作者彼得斯和華特曼的描述，所有的研究與發展都是冒險的事，只有不斷的嘗試才可能成功。若能從失敗中學習到東西，也是值得的。所以有「完美的失敗」這種說法。這是對冒險的肯定。

當然，並不是每個人都有冒險的個性和需要。是不是該冒險，必須由自己做決定，而年齡、責任、能忍受多少緊張和危險情勢等等，都必須是你的考慮範圍之中。

根據專家的研究，在成功的人當中，年紀大的比年紀輕的不肯冒險。以下是得分的不同分組與個性的關係。

得分很低者

很明顯沒有什麼雄心壯志，自我形象也過於負面和不滿意。即使有成功的機會，也會因要冒點風險而裹足不前、心存餘悸。如果你的得分落在此組，首先你必須克服對冒險的恐懼，試著去做，只有這樣才能在商業舞臺上與人一較長短。

得分低者

不會像前面一組那樣害怕冒險，但似乎也不願意去碰運氣，由於不願冒險，就沒有機會去認清情勢，即使風險不大，可以成功的情況出現了也不自知，平白失去好機會。如果你得分落在此組，最重要的是在你做判斷時，要發揮本能和想像力以增加信心。適度的冒險可以增加較正面的自我形象，而這種形象正是所有成功的人所需具備的特質。

得分中等者

不會明顯地害怕冒險，但通常在利用創造力往上奮鬥時信心不足。如果你得分落於此段，你可能在外界的鼓勵可以說服你時，你會冒險；但你可能會太依賴別人的支援。雖然得分落在此組算是不錯，你還是應多嘗試工作中沒把握的部分，你該花點功夫積累資料和經驗，增加自己的信心。

得分高者

通常很有信心並野心勃勃，這種人同時具有很強的商

業創造技能，使他們能充分利用各種方法達到想要達到的目標。這使得肯冒險者可以掌握每一個有成功機會的情勢，即使玩牌時是隱蔽的，他們也能摸清是什麼牌。如果你得分落在此組，你大概都已知道要什麼，並不怕去追求，即使風險相當高。

得分很高者

對賭注毫不在意，這種人在同事眼裡無異「賭徒」，而不是商業遊戲中有自信、有智慧的好手。不過，很可能他們是曾經在高風險的作為中獲得成功，所以會使得他們一再極端的鋌而走險。不幸的是，高度冒險的人很快就會忘了凡事還是該瞻前顧後。如果你得分落在此組，你可能會發現，冒險的刺激對某些事雖然很過癮，但並不是生活中每個層面都如此，有時是會摔得很慘的。

第 6 章
《幻想曲》我們歡迎
失敗

幻想曲是一部非常獨特的動畫影片，它是影壇首次嘗試將音樂和美術做一次偉大的結合，以美術來詮譯音樂。華德‧迪士尼於1940年完成這部曠世巨作，50年來這部影片成為收藏家、兒童和大人們最喜愛的影片，它的藝術成就至今尚無任何一部音樂片可超越！本片獲第14屆奧斯卡特別成就（音樂和錄音技術）2項金像獎、紐約影評人協會特別獎。

該片由八段不同曲目的音樂配上動畫師根據音樂想像出的故事合成，曲目包括一流音樂大師的傑作，如巴赫的《托卡塔和D小調賦格曲》、柴可夫斯基的《胡桃夾子組曲》、斯特拉文斯基的《春之曲》、貝多芬的《田園交響曲》、蓬基耶利的《時間舞蹈》、穆索爾斯基的《荒山之夜》、舒伯特的《瑪麗亞大街》以及最令人難忘的杜卡斯的《魔法師的學徒》。

為創作斯特拉文斯基的「春之曲」段落，華德‧迪士尼聽取了古生物專家的意見，買來了一群蜥蜴和一隻小鱷魚，以便卡通畫家們研究牠們的動作。而恐龍的形象則被迪士尼視為得意之作，它不僅出現在這部影片中，還被製成模型在1964年的世界博覽會上展出，並被收進迪士尼樂

園。據說，恐龍的動作是模仿斯特拉文斯基指揮的動作設計出來的。

　　但是，正是由於《幻想曲》獨特的藝術手法，它遭到了許多強烈的非議。因為當時很多人無法接受這部影片，因此票房慘遭敗績。《幻想曲》的獨特是電影藝術上的一個豐碑，但是票房的慘敗也是迪士尼經營史上的教訓。

第一節 《幻想曲》不是失敗的哀歌

　　1938年，華德·迪士尼決定以米老鼠來演《魔法師的徒弟》。米老鼠扮演學徒，因爲用錯了魔法而造成了災害。歌德曾經把這個古老的神仙故事寫成詩，而法國的作曲家保羅·杜卡斯也爲他作曲。全片按照杜卡斯的樂曲拍成動作，但沒有對話。

　　華德·迪士尼原來打算以兩大本中長電影的方式來發行《魔法師的徒弟》，一天晚上，華德·迪士尼正獨自在一家新潮的好萊塢飯店裡吃飯，遇到了費城交響樂團的著名指揮利奧波德·斯托科夫斯基，他也恰好是一個人在用餐。他們便坐在一起。斯托科夫斯基是古典音樂界的巨人。留著白色的長髮，舉止優雅；無論是指揮一支交響樂隊，還是吃飯與朋友聊天，渾身上下都散發出藝術大師的氣質。

　　《幻想曲》就在這次談話中產生了。在討論未來計畫時，華德·迪士尼提到了他打算以新的米老鼠卡通片《The Sonerers Apprentice》開始工作。斯托科夫斯基對指揮該片的樂曲很感興趣，甚至對報酬不予考慮。在餐桌上，兩人

討論了為偉大的作曲家建立一個動畫片場。華德‧迪士尼欣賞斯托科夫斯基的才華與氣質，他的創意同樣受到斯托科夫斯基的欽佩，他們都被合作後的結果所吸引。

電影裡，斯托科夫斯基指揮了所有的樂章。動畫人物透過跳舞表達出樂曲的內容。交響樂的視覺理解是一個全新的概念。《幻想曲》拍攝完畢後，光是用音響的費用就超過了40萬美元，而全部費用則高達228萬美元。

然而《幻想曲》的命運卻是不幸的。《紐約時報》說：「可怕極了，是銀幕上出現的最可怕的東西。」它遭到了許多強烈的非議。但也有一些評論家把它描述為「最美的全新的藝術感受」。因為它與其他迪士尼的電影是如此的不同。公眾沒有接受它。對這部電影的反映並不如原來所期待的那樣，《幻想曲》的巨大投資似乎並沒有很快收回，這部電影基本上是失敗的，雖然在藝術成就上是很完美的，但是從觀眾的反應來看、從影片上映以後的票房來看，似乎並不理想。直到今天，這部電影才受到了很高的評價。

一、遺憾之後留下了獨特的藝術成就

所有敘述故事的電影，在其開始創作之時，起碼都要

有一個文學性的故事梗概，這是實拍電影創作的最初基點。動畫電影在很多的時候也是這樣。常常會有人問：「動畫電影的特性和本質究竟是什麼呢？」1945 年，華德・迪士尼就用他最具視覺魅力的影片《幻想曲》回答了這個問題。一部如此巨大恢弘的電影，卻沒有完整的文學故事，沒有對白，然而他所創造的嶄新的視聽連覺的動畫電影，卻達到了任何一門單獨藝術都無法比擬的交融完美的境界。

影片開始，當布幕緩緩拉開，樂手們提著樂器從天幕的後面走上舞臺的時候，你以為這是一場電影音樂會。費城交響樂團像是出現在遙遠的地平線上。斯托科夫斯基，全世界唯獨不用指揮棒的著名指揮家，踏上指揮台，四周一片空寂，那高大的背影像是創世主。他從容的張開雙臂，在喚醒一個世界。他召喚著它，引導著它來臨的腳步，整個樂隊都在這個腳步之中。新世界的曙光照耀著他們，一層層色彩的身影投映在天幕上。樂師的影像逐漸虛化，代之以小提琴閃光的琴弦，各種琴弦在黎明的曙光中飛翔、漂流。星光散落下來，與太陽輝煌的光焰相接，敲響了神聖的晨鐘。霞光滿天，太陽升起來了，斯托科夫斯基站在巨大的光輪中，他呼喚著：一個幻夢般的、由畫面

和音樂融合而成的、瑰麗神奇的新世界誕生了……《幻想曲》的創作基礎來自音樂而不是文學；他是一個視聽連覺的音樂會，「上演」的全部是世界名曲，它以音樂作為基礎，但不受其原創動機的限制。迪士尼的動畫藝術家們沈浸在音樂中，無拘無束的展開自己的想像和創造。

影片以巴赫的《托卡塔與賦格》音樂作為引子，從實拍的樂隊轉入繪製的畫面，展開其視覺音樂的世界。其整體的結構依然如音樂會一般，每演奏完一段樂曲，銀幕都會回到實拍的樂隊和指揮臺上，然後繼續進入下一段。

第二段：《胡桃鉗》是柴可夫斯基根據德國童話家霍夫曼的小說改編的芭蕾舞劇，原故事寫的是一個叫馬莉的小姑娘，耶誕節的時候得到一枚胡桃鉗，晚上她作了一個夢，夢見胡桃鉗變成了英俊的王子，領著她的玩具跟老鼠作戰，之後又把她帶到了果醬山，受到糖果仙子的款待，享受了一次盛宴……但是我們看到，迪士尼的畫面完全不受故事的約束，他的創作者們僅是沈浸於音樂之中，從自己的感受出發進行創作。

當「胡桃鉗」的音樂輕盈進入的時候，一群長著蜻蜓翅膀纖細小巧的仙子們帶著七彩的光暈，流星似的飛進睡

夢著的花園裡，用她們手中的仙棒點亮了串串露珠和花蕊。花兒靜靜的開放了，夜的花園到處閃亮著晶瑩、碎散、斑駁的星光……

「牧童之舞」中他們創造了一群胖胖的孩子似的小蘑菇，在聚光燈下笨拙可愛的舞蹈嬉戲。接下來，《茶舞》的音樂中，則是桃花在水上的舞蹈。花朵飄落下來，翻轉過身，花瓣朝下像穿著短裙的舞女，隨著音樂急速旋轉於水面上，她們圍繞成一圈舞蹈，又隨波流去……而「阿拉伯之舞」迷幻的略帶憂傷的音樂，則讓他們想到黑色的金魚。那些金魚像圍著黑色面紗的阿拉伯女子，只露出撲朔迷離的大眼睛。它們拖著長長的紗裙，慵懶而嫵媚的在珊瑚群中輾轉曼舞，忽而又形成神秘的阿拉伯圖案，變換無定……

最後的「花之舞」，是這段音樂中最美的段落。蜻蜓仙子們醒來了，他們追逐著楓葉旋舞於空中。晚秋的蒲花飄揚起來，像芭蕾舞劇《天鵝湖》中的一群「小天鵝」，穿著潔白蓬鬆的舞裙、但不是在舞臺上，而是在無限廣闊的大自然中飄然飛揚，蹁躚降落。小仙子們用冰凌裝點枯萎的草木，美妙的冬天來臨了。她們隨著音樂飛快滑翔在

結了冰的湖面上，畫出道道冰凌的花束，比花樣滑冰的表演更加舒展輕盈，美妙得令人驚異。

第三段，樂曲選自法國作曲家杜卡斯的《小巫師》，這一段是故事性的。情節幾乎完全是依據原曲創作，也是音樂界公認最符合原作的成功部分，後來被移植到《夢幻2000》中作為保留節目。小巫師採用了米老鼠的形象，它在師傅去休息的時候偷了魔法帽。於是他便施用魔法，令掃帚活起來替他工作，自己卻躺在師傅的椅子上睡大覺。在夢中他指揮眾星旋舞，雲團奔流，閃電霹靂……正當它以為自己成為了宇宙主宰的時候，掃帚不停的將擔來的水倒進水缸，水越來越多，從水缸中湧出來。小巫師不會收回魔法，情急中用斧頭將掃帚劈碎，而碎片卻變成了更多的掃帚，像一個強大的部隊，掃帚排著隊不斷的將水倒進溢滿的水缸，大水淹沒了整個房間，小巫師焦急地翻著厚厚的魔法書，正在他即將被漩渦吞沒的時候，師傅回來了……

第四段：《春之祭》，斯特拉文斯基是一個古典音樂的革命者，他的音樂打破了傳統的和諧，創造了一個神秘的、不和諧的、極具張力的、全新的音樂領域，那些和聲

旋律充滿了一種原始的生命力。《春之祭》原創取材於一段春的祭祀傳說，表現異教徒以純潔少女的生命爲春天祭品的習俗。然而影片完全沒有採用斯特拉文斯基原來的情節，只取其原始生命力的音樂感受，這也是作曲家最根本的特質。影片從宇宙的誕生到單細胞的形成，從兩棲動物到恐龍世界的決戰，然後火山爆發、山崩地裂。生靈滅絕、冰河世紀到來。這個段落令我們看到大自然的壯觀巨變的景象、災難和毀滅。風湧雲幻、冰川火山、相殘的恐龍是它的主角。

影片至此像音樂會一樣幕間休息，樂手們即興演奏試音。銀幕上幽默地演示人性化的線條變化與音樂聲音的關係。鼓、小號、提琴、鋼片琴、大管等等。

第五段：貝多芬的《田園》，這一段在影片剛面世的時候是頗有爭議的，有音樂評論界人士曾認爲迪士尼歪曲了貝多芬。抑或由於貝多芬在音樂家的心中過於神聖，因此他們並不去指責前幾段音樂的詮釋與音樂本身內容的差距之大。《田園》本身是嚴肅的，貝多芬是深刻的，這不是一段寫景的音樂，而是表達作曲家內心的感受。而迪士尼的藝術家們，竟然將它賦予希臘神話的背景之中，第一

樂章「初見田園時的景色」，他們讓小天使和天馬們飛翔著降落在春天的大地上快樂的嬉戲；第二樂章「溪畔」的音樂中，他們令年輕的人們在美妙的神話溪畔夜色中戀愛談情；第三樂章「農民歡會」中，人們歡慶豐收，希臘的酒神成了快樂的胖大嫂，鬧出許多笑話；第四樂章：「雷電暴風雨」中，宙斯令雷神製造閃電驅趕暴雨；第五樂章「雨過天青，農民感恩之歌」，繆斯女神在天空鋪下了彩虹，阿波羅駕著太陽車離去，夜的女神以閃著星光的大氅覆蓋大地。然而無論音樂評論家以為如何。這一段的畫面的確是浪漫美妙的，而且與音樂配合得天衣無縫，貝多芬的《田園》在這裡成為了背景音樂。對於不瞭解貝多芬的觀眾而言，只看影片是無可非議的。那麼諳熟並酷愛音樂的迪士尼難道不懂得貝多芬？或許正因為如此，他想證明動畫藝術強大的視覺感染力無所不能。但是，有一點，儘管迪士尼做到了他所想達到的效果，這個段落得卻是過於甜俗些了。

第六段：《時之舞》，是一段純粹的芭蕾舞，背景酷似舞臺又打破侷限。然而演員不是公主、王子或魔鬼、仙女，卻是大象、河馬、鴕鳥和鱷魚。迪士尼似乎在告訴人們，動畫藝術可以令鴕鳥表演芭蕾，比芭蕾舞演員還具高

精的專業技巧，即使芭蕾舞蹈家也不得不為之讚歎。它可以令鱷魚披著紅色的斗篷在西班牙舞曲中像是矯捷舞蹈的鬥牛士，可以令肥碩沈重的巨大河馬在睡夢中被一個輕盈的肥皂泡托上天空，可以令一群大象乘著肥皂泡被風兒吹走……《時之舞》是一段精彩動畫的表演段落。

第七場：幕索爾斯基的《荒山之夜》與八段舒伯特的《聖母頌》連接起來作為影片的最後段落。

《荒山之夜》的音樂創作來自一部傳說：荒山原指基輔附近的一座山。傳說女巫們的安息節就在這座山上舉行，六月二十五日，聖約翰之夜，在這裡舉行聖宴，黑神是一支黑色的山羊。影片以此段表現黎明前的黑夜，主題與音樂很接近，魔幻陰暗的音樂中，是一場揉合了巫術與宗教的歡會，眾魔鬼：女巫、男妖、女妖，所有妖魔鬼怪都在這一晚大事歡聚，他們充分的表演自己。面目猙獰的黑夜之神高居首位，他巨大的手掌中燃起火焰，妖魔們在其掌上的火焰中舞蹈……這個夜晚是一個群魔亂舞的世界。然後，舞宴正值高潮，突然被來自教堂的鐘聲打斷，黎明的曙光逼著黑夜退卻，妖魔一轟而散，天亮了……

緊接著是舒伯特的《聖母頌》。舒伯特的《聖母頌》

是所有作曲家所寫的《聖母頌》中最著名的一首。畫面上是寧靜安詳的清晨，朝聖者的隊伍手持蠟燭，緩緩行進在透明的樹林中，燭光的隊伍走上山坡漸漸遠去，鏡頭搖向天空……

影片以宗教作曲家巴赫無標題音樂開始，經過了種種美妙的夢幻、神話、歌舞、魔界，最後在寧靜聖潔的樂曲中得到了淨化、超越，首尾相合。

《幻想曲》極大的發揮了動畫電影的想像力和創造力。它是迪士尼的音樂之夢，也是迪士尼對動畫電影的最高理想。

正是因為影片它拋棄了文學的拐杖，使得動畫電影與實拍電影的區別凸現出來，並顯出其超越之處，它鮮明的體現出動畫電影與各門藝術的直接關係，音樂成為結構的主幹，繪畫和舞蹈在電影中走上了前臺，時間與空間藝術完美結合的理想，在《幻想曲》裡得到了充分展現。

二、迪士尼奇蹟，幾番坎坷幾度艱辛

如果說《幻想曲》是大製作小回收，屬於迪士尼動畫製作中的一次商業和市場領域的失敗的話，我們只能說這

樣的結果非常正常，因為任何偉大的事業都不可能每一步
都是十分順利的，迪士尼的娛樂帝國在剛剛開始的時候，
同樣也是在失敗中開始的，是在不斷地吸取教訓中不斷發
展的。

出師不利：年輕的代價與幸運的米老鼠

　　1927年，華德‧迪士尼設計出了一個頗受歡迎的卡通
人物「幸運兔奧斯華」。在1928年2月，躊躇滿志的華德‧
迪士尼帶著太太莉蓮搭火車趕到紐約，要與發行商查爾斯
‧米尼茲洽談奧斯華卡通片的下一期合約，迪士尼原本計
畫要提高價格賣出的，不料米尼茲卻胸有成竹地告訴他一
個殘酷的事實：他已經高價買通所有奧斯華的幕後工作人
員，照樣可以繼續推出奧斯華，而華德‧迪士尼自己反而
已無法擁有奧斯華了。年輕的華德‧迪士尼驚訝得合不攏
嘴，但同時不得不硬著頭皮接受這次慘痛經歷。這是華德
‧迪士尼公司自成立以來遭遇的第一次危機。

　　然而「塞翁失馬，焉知非福」。華德‧迪士尼紐約之
行雖然是賠了夫人又折兵，但事情卻在他乘搭回程火車時
發生了戲劇性的轉機。痛定思痛的華德‧迪士尼突然迸發

出要塑造另一個卡通人物——米老鼠的靈感，而正是這隻老鼠讓華德‧迪士尼真正品嘗到功成名就、名利雙收的喜悅！而更重要的是華德‧迪士尼也從這次危機中學會一定要擁有影片版權的教訓，並於一年後首次利用米老鼠的版權費賺錢，接下來的10多年公司收入的十分之一都是來自有償轉讓卡通人物形象所得的版權費。

生死抉擇：顛峰時刻後的困境和力挽狂瀾的鐵碗

像大多數公司的創建者一樣，華德‧迪士尼沒能為自己的繼承人——其女婿朗‧米勒鋪好道路，以致在他與哥哥羅伊‧迪士尼相繼去世後，迪士尼公司高層上演了華德派與羅伊派的窩裡鬥。

1977年，羅伊的兒子小羅伊‧E‧迪士尼在朗‧米勒被指定為公司總裁的7個月後辭去了行政主管的職務。不過事情並未結束，當時負責掌管公司的朗‧米勒等人選擇了當創建者遺產保護者的角色，在客觀上嚴重打擊了公司員工創新進取的精神。公司利潤因此直線下滑，由1980年的1.35億美元收縮到1983年的9300萬美元。比這些蒼白的數

字更糟的是曾代表著迪士尼公司的創造性火花早已熄滅的事實：曾是好萊塢首屈一指的迪士尼公司退居到二等製片商的位置，僅僅佔有好萊塢票房收入的4%。

而更為嚴重的是迪士尼公司陷入了紐約著名金融家索爾·斯坦伯格、厄溫·傑克伯斯等人的收購網中。迪士尼公司在內憂外患的重重打擊下搖搖欲墜。1984年，小羅伊重返迪士尼，重新發動一場與朗·米勒的權力爭奪戰。小羅伊在白斯集團董事長、迪士尼公司最大的股東希德·白斯的幫助下，不但讓叔叔的基業度過了合併危機，而且也實現了趕米勒下臺的願望。隨後迪士尼公司董事會一致通過邀請具有傑出管理才能的邁克爾·艾斯納和弗蘭克·威爾斯入主迪士尼，迪士尼公司從此進入艾斯納時代。

不測風雲：痛失戰將與柳暗花明

20世紀90年代初，迪士尼公司在巴黎投資了40億美元修建的第4座主題樂園和旅遊地成為它自80年代前期以來最頭疼的財政問題，這主要是由於迪士尼主題樂園受到法國當地居民的強烈反對以及公園有關管理人員錯誤評估了當地人的消費觀念和習慣。

據統計，1993年迪士尼的巴黎主題公園共虧損了8780萬美元，令人覺得可怕的是，數字仍在不斷地增加，不過，最棘手的還是40億美元的貸款。在這千鈞一髮之際，艾斯納和威爾斯決定對歐洲迪士尼公司進行結構調整。歐洲迪士尼公司最終利用這喘息機會，步履蹣跚地度過了債務難關。

然而，天有不測之風雲，正當艾斯納以為一切將過去的時候，他最有默契的戰友威爾斯卻突然死於飛機失事。威爾斯的死令迪士尼公司另一員驍將傑夫利‧科茲恩伯格的地位成為焦點。

在迪士尼有「回春妙手」之稱的傑夫利‧科茲恩伯格是迪士尼公司的製片主管，1993年，他領導手下為迪士尼公司創造了6.32億美元的營業收入，不僅如此，迪士尼公司的卡通片因為他的創造力進入了空前繁盛的時期，最叫座的卡通大片《獅子王》甚至創下了7億餘美元的票房紀錄。科茲恩伯格簡直把卡通片變成了一臺印鈔機。憑著這些功績，再加上威爾斯的死，科茲恩伯格認為他有資格被提升為公司的第二號人物，但以艾斯納為首的公司董事會卻認為科茲恩伯格雖然是一位極有創造力的高級行政主管，但他的能力卻不足以進入高級管理層。

　　1994年8月，也就是威爾斯逝世4個月後，艾斯納突然宣佈改組公司管理班底，架空了科茲恩伯格，穩定了公司內部的團結。悻悻的科茲恩伯格離職不到兩個星期即宣佈與超級明星導演斯蒂文·斯皮爾伯格及唱片界巨擎大衛·蓋芬組建了一家名為「夢工廠」的電影製片公司，將籌集到的20億美元用於進行電視節目、實景眞人電影、動畫片、唱片和電子遊戲的製作和發行，向迪士尼公司發動正面攻擊。

慘遭敗績：網路滑鐵盧與棄俥保帥術

　　2001年1月30日，迪士尼公司宣佈將關閉旗下網站——美國第4大門戶站點Go．com，並裁員400人；4月25日，迪士尼公司決定關閉發佈電影及電視方面消息的MrshowSiz．com和音樂網站WallofSound.com……種種跡象顯示，迪士尼公司由傳統媒體向網體轉型的計畫已一再受挫。

　　這一切都與迪士尼公司未能看清網路業的形勢有關，Go.com是迪士尼公司爲了與Yahoo、excite.com等門戶網站競爭而開辦的，2001年1月份正式開通時的確是趕上了全球

網際網路的熱潮。但是，身為一個後發的門戶類型網站，Go.com比起競爭對手，落後的時間幾乎要用「年」來計算。時間的落後帶來了市場佔有、註冊用戶、瀏覽人次、網路銷售等一系列的落後。所有的落後一開始都被網站的母公司迪士尼濃厚的優勢意識所掩蓋，直到網站報告鉅額虧損以前，才被一一曝光。迪士尼過低估計了時間的延遲影響，過高估計了自己由傳統媒體向網路媒體轉型的成功可能性，這是一個致命傷。

三、挫折不是結局

迪士尼的經歷是帶有普遍性的，很多成功人士在自己的事業剛剛開始的階段都會遇到很多困難，他們都會難過、彷徨、猶豫，這是人生發展的常態，只有那些勇敢地堅持下來的人，堅定地向著自己的目標邁進的人，才會成為最後的勝者。很多成功的企業在創業之初和創業之中都是不斷解決各種困難，從而才有成功的輝煌！

一位父親很為他的孩子苦惱。因為他的兒子已經十五、六歲了，可是一點男子氣概都沒有。於是，父親去拜訪以為禪師，請他訓練自己的孩子。

禪師說：「你把孩子留在我這邊，3個月以後，我一定可以把他訓練成真正的男人。不過，這3個月裡面，你不可以來看他。」父親同意了。3個月後，父親來接孩子。禪師安排孩子和一個空手道教練進行一場比賽，以展示這3個月的訓練成果。

教練一出手，孩子便應聲倒地。他站起來繼續迎接挑戰，但馬上又被打倒，他就又站起來……就這樣來來回回一共16次。

禪師問父親：「你覺得你孩子的表現夠不夠男子氣概？」

父親說：「我簡直羞愧死了！想不到我送他來這裡受訓3個月，看到的結果是他這麼不經打，被人一打就倒。」

禪師說：「我很遺憾你只看到表面的勝負。你有沒有看到你兒子那種倒下去立刻又站起來的勇氣和毅力呢？這才是真正的男子氣概啊！」

只要站起來比倒下去多一次就是成功。

人人討厭挫折和失敗。在角鬥場上，那些打不倒的人是真正的勇士，他們一直戰到死，很厲害，使人看得害

怕，所以他們成功的機會比人家多。同樣在商場上那些打不倒的人也是最能夠成功，一次又一次經歷失敗和困難，但是還是打不倒，這種人很厲害，總有一天會成功，老天很公平，總會給他們機會。美國人具有不屈不撓的精神，創業失敗後還不斷嘗試，這是美國經濟動力的源泉。在80年代，日本在經濟上超過了美國，把美國許多大的樓房和公司全買下來，還有一種說法就是說要把美國的自由女神披上日本人的合服，但是美國人沒有講什麼賣國主義、抵制日貨，而是拼命發展高科技，最後又把第一拿回來，再用更低的價格從日本人手裡把那些樓房和公司全買回來。一個人，或者一個國家、企業如果在失敗和挫折時候，不去講理由、不講人家的不是、不埋怨天和地，而是埋頭去奮鬥，那麼這個人、國家和企業是成功者。在天地之間，沒有任何人做事情不會遇到失敗和挫折。哪個偉大人物沒有經歷過失敗和挫折，幾起幾落？哪個富翁沒有經歷過失敗和挫折？所以成功者把失敗和挫折作為是汽車必須經過的車站，在達到終點站之前必須經過失敗和挫折的車站。勇敢者把挫折當成財富、失敗當作機會，他們認為要想成功就一定要有挫折和失敗的經歷，這些經歷不是你想要有就有，所以早些、多一些、大一些經歷挫折和失敗，就可

以早些、多些、大一些獲得成功，不要到年紀大了、老了再經歷挫折和失敗，精力和能力就不夠了。所以成功者應該經常記住一句話：沒有人能夠打敗你，只有你自己，失敗是暫時的，除非你放棄，否則只要堅持下去，總有一天會成功。

請看下面一些成功人士，在他們年輕的時候，在他們事業剛剛起步的時候，他們是何等的困頓，這是一個長長的名單，這個名單上的名字都是金光燦燦的成功人士，但是名單背後卻有無數的困苦和抗爭……

1、電影舞星佛萊德‧艾斯泰爾

1933年到米高梅電影公司首次試鏡後，在場導演給的紙上評語是，「毫無演技，前額微禿，略懂跳舞」。後來艾斯泰爾將這張紙裱起來，掛在比佛利山莊的豪宅中。

2、美國職業足球教練文斯‧倫巴迪

當年曾被批評「對足球只懂皮毛，缺乏鬥志」。

3、哲學家蘇格拉底

他曾被人貶為「讓青年墮落的腐敗者」。

4、彼得‧丹尼爾

小學四年級時常遭班級任老師菲利浦太太的責罵：「彼得，你功課不好，腦袋不行，將來別想有什麼出息！」彼得在26歲前仍不識幾個字，有次一位朋友念了一篇《思考才能致富》的文章給他聽，給了他相當大的啓示。現在他買下了當初他常打架鬧事的街道，並且出版了一本書——《菲利浦太太，妳錯了》。

5、《小婦人》作者——露慧莎‧梅艾爾卡特

她的家人曾希望她能找個佣人或裁縫之類的工作，因爲大家都覺得她很笨。

6、貝多芬

學拉小提琴時，技術並不高明，他寧可拉他自己作的曲子，也不肯做技巧上的改善，他的老師說他絕不是個當作曲家的料。

7、歌劇演員卡羅素

他那美妙的歌聲享譽全球。但當初他的父母希望他能當工程師；而他的老師則說他那副嗓子是不能唱歌的。

8、達爾文

當年決定放棄行醫時，遭到父親的斥責：「你放著正經事不做，整天只管打獵、捉狗捉耗子的。」另外，達爾文在自傳上透露：「小時候，所有的老師和長輩都認為我資質平庸，和聰明是沾不上邊的。」

9、華德‧迪士尼

當年被報社主編以缺乏創意的理由開除，建立迪士尼樂園前也曾破產好幾次。

10、愛迪生

小時候反應奇慢無比，老師都認為他沒有學習能力，學校的老師和同學都瞧不起他。

11、愛因斯坦

愛因斯坦4歲才會說話，7歲才會認字，老師給他的評語是：「反應遲鈍，不合群，滿腦袋不切實際的幻想。」他曾遭到退學的命運，在申請蘇黎士技術學院時也被拒絕。

12、法國化學家巴斯德

他在大學時表現並不突出，他的化學成績在22人中排第十五名。

13、牛頓

在小學的成績一團糟，常常遭到老師的批評。

14、羅丹

他的父親曾怨歎自己有個白癡兒子，在眾人眼中，他曾是個前途無「亮」的學生，藝術學院考了三次還考不取。他的叔叔曾絕望地說：「孺子不可教也。」

15、托爾斯泰

大學時因成績太差而被退學，老師認為他既沒讀書的頭腦，又缺乏學習意願，但是他卻寫出了世界巨著——《戰爭與和平》。

16、劇作家田納西·威廉斯

他在華盛頓大學選讀英文時，曾以《我，瓦沙》一劇參加班際比賽，但卻落選。根據老師表示：「威廉斯十分不服，他批評裁判沒有眼光，不識好貨。」

17、亨利・福特

亨利・福特在成功前曾多次失敗，破產過五次。

18、邱吉爾

邱吉爾小學六年級曾遭留級，而他的前半生也充滿失敗與挫折，直到62歲他才當上英國首相，以「老人」的姿態開始有一番作爲。

19、巴哈

他先後找過18家出版商發行他的萬字勵志小說——《天地一沙鷗》，但全都被打回票，最後麥克米蘭公司才在1970年出版這本書。1975年，美國一地的銷售量就已超過700萬本。

20、查・胡克

胡克花了7年時間，才完成以戰地爲背景的詼諧小說——《M・A・S・H》。跑了21家出版社後，才找到莫羅公司願意幫他出書。書一發行，市場反應便十分良好；娛樂界立刻將此書改編爲同名的電影及電視影集，也獲得相當熱烈的迴響。

21、艾倫

他是獲奧斯卡金像獎的作家、製作人以及導演，在紐約大學與紐約市立學院的電影製作科目不及格，他在紐約大學的英文也同樣不及格。

22、李昂・尤里斯

暢銷書《出埃及記》的作者，高中時英文補考3次。

23、克林・伊斯威特

1959年，環球影業公司行政主管在同一次會議上，他對畢雷諾斯說：「你沒有天分。」對克林・伊斯威特說：「你的牙齒有缺口，你的喉結大突出，而且你說話太慢了。」如你所知，畢雷諾斯及克林・伊斯威特後來都成了電影界的大明星。

24、瑪莉蓮・夢露

1944年，愛默林・史奈利，藍書模特兒經紀公司的董事，跟滿懷希望想從事模特兒工作的諾瑪・珍・貝克（瑪莉蓮・夢露）說：「妳最好改學秘書工作或乾脆結婚算了。」

25、邁克‧富比士

他是後來成為世界上最成功的商業發行刊物之一——《富比士》（Forbes）雜誌的總編輯，然而他在普林斯頓大學讀書時，卻與學校報刊的編輯成員無緣。

26、艾維斯‧普雷斯利（貓王）

1954年，吉米‧丹尼是大歐勒‧歐普利公司的經理，他在一次演出後，開除艾維斯‧普雷斯利（貓王）。他告訴普雷斯利：「小子，你哪兒都去不成……。你應該回去開卡車。」艾維斯‧普雷斯利後來成為美國最受歡迎的歌星。

27、亞歷山大‧格拉罕‧貝爾

當亞歷山大‧格拉罕‧貝爾在1876年發明電話時，潛在支持者的電話掛也掛不完。展示後，魯勒福‧海那斯總統說：『的確是令人驚奇不已的發明，但是，會有誰想使用呢？』

28、托馬斯‧愛迪生

他試驗了超過2000次以上才發明燈泡時，有一位年輕

記者問他失敗了這麼多次的感想，他說：「我從未失敗過一次。我發明了燈泡，而那整個發明過程剛好有2000個步驟。」

29、約翰・彌爾頓

彌爾頓在44歲時失明了，16年後，他寫出了經典之作——《失樂園》。

30、路易士・阿莫

擁有超過100本西方小說，發行逾200萬本的成功作家——路易士・阿莫，在第一次出版銷售前，被拒絕了350次。後來他成為第一位接受美國國會頒發特別獎章的美國小說家，確認了他以傑出作家身分，透過歷史性作品，對國家做出長遠貢獻。

31、道格拉斯・麥克阿瑟

如果沒有毅力，道格拉斯・麥克阿瑟將軍可能無法獲得名譽及權力。當他申請進入西點軍校時，被拒絕了⋯⋯而且不止一次，是二次。但是他仍然試了第三次，終於順利進入，從此大步跨進史冊中。

32、亞伯拉罕‧林肯

亞伯拉罕‧林肯加入南北戰爭時是上尉，戰爭結束時，卻被降級為士兵。

第二節　帝國的困頓與突圍

　　早在1984年，當現任首席執行官艾斯納接管迪士尼公司時，該公司已陷入困境。他以自己的智慧率領他的管理班底刻意創新，大刀闊斧的改革使業界為之喝彩。正是邁克爾·艾斯納把一部熱門電影《獅子王》喬裝改扮成大受歡迎的特許經營系列產品，並由此衍生出電視劇、圖書、玩具、主題公園和百老彙的精彩演出；同時推出了琳琅滿目的迪士尼商品，並迅速把自己獨特的娛樂產品擴充進所有的超市和購物廣場；到處都在開發新主題公園、新的旅館、新的度假勝地。所有這些都成為迪士尼最輝煌的業績。

　　艾斯納甚至成為90年代美國最傑出企業家的偶像之一，如同比爾·蓋茲、傑克·威爾許，CNN鼎盛時期的特納等人一樣。實際上，在那個飛速增長的時期，迪士尼公司獲得鉅額利潤，公司的股東們也賺了不少錢，得到豐厚的回報。在艾斯納任該公司首席執行官的前13年裡，迪士尼股票價格每年上升27％。該公司的市值從最初的20億美元，增長到2001年的950億美元。

但是，從1997年開始，享譽全球的娛樂天王「迪士尼」王國的經營狀況開始嚴重下滑。2001年，全球的娛樂業無可避免地遭受到「9‧11」災難和經濟衰退的沈重打擊。2003年11月30日，面臨退休年限的羅伊「突然」辭職。次日，羅伊的密友斯坦利戈爾德隨之而去。兩人在辭職信中歷數了艾斯納幾大「罪狀」，並要求艾斯納下臺。

但在艾斯納的合同2006年到期前，他自動辭職的可能性微乎其微。61歲的艾斯納曾表示，他只在1994年得過一次心臟病，最起碼他是健康的。熟悉艾斯納的人卻懷疑，江郎才盡的艾斯納是否有精力恢復執政頭10年的輝煌。在媒體業，持有以下這種看法的人並非個別：艾斯納留在迪士尼的時間越長，迪士尼的處境就越危險。

迪士尼精彩世界巨大的光環還會發出誘人的彩色嗎？

一、戰略失誤

自1997年後，迪士尼業績步步下滑至今仍未恢復。截至2002年，其利潤與1997年相比下降了三分之一。過去4年，迪士尼進行了兩次重組，但仍未能從根本上扭轉局面。2003年11月下旬，迪士尼宣佈第四財季利潤增長137

％，第二天，其股價卻不漲反跌。這實際上反映出投資者對迪士尼前景的看淡。迪士尼的股價從2000年的40美元左右跌至2002年的14美元以下，其後股價開始回升，目前在22美元左右盤整。

艾斯納的戰略失誤是造成迪士尼業績連年下滑的一大原因。1996年年初，艾斯納以189億美元收購美國廣播公司（ABC）。後者占迪士尼營業收入的38％。迪士尼利潤的下滑幾乎是受美國廣播公司的影響。

收購之初，在18歲至49歲的觀衆中佔有優勢的美國廣播公司是一家盈利的廣播公司，收視率排名第二。第二年，情況急轉直下。到2000年，其觀衆數量已減少了32％。據一家市場研究機構估計，2002年美國廣播公司的虧損額高達4億美元。美林公司分析師預測，2003年該公司虧損額將繼續擴大到5.4億美元。

美國廣播公司已成爲艾斯納的心頭之痛。迪士尼一名前高級經理指出，在各廣播公司中，美國廣播公司並非實力最強的公司，隨著有線電視和衛星頻道搶走越來越多的觀衆，它的生存空間已愈發狹窄。他認爲美國廣播公司已成爲迪士尼的沈重包袱，應該儘快賣掉。

對於艾斯納來說，賣掉美國廣播公司意味著他承認了這個失誤。這不是艾斯納的性格。他的性格是像政客一樣，抓住一切機會宣揚（如果不是吹噓的話）自己的成功。美國廣播公司取得的任何細小成功都會成為艾斯納宣揚的成績。艾斯納曾說過，對美國廣播黃金時段收視率排在第三無法容忍，實際上直到2003年5月其收視率排名只有第四。8月上旬，艾斯納口風一轉，說第一名和第四名的差別很小，而且排名也並不意味著一切。

二、獨斷專權

人們對艾斯納批評最多的是他的獨斷專權。批評者說他厭惡授權，而且自負、傲慢。他屬於那種事無巨細都要一手抓的CEO，小到賓館要用什麼樣的地毯，電視和影片劇本評論怎麼寫，都要由他批准。

這樣的性格導致的最直接結果是他與高級經理關係緊張，難以留住人才。不久前，長期任「ABC新聞」製片人兼經理的維克托諾伊菲爾德離開ABC公司，轉而到哥倫比亞廣播公司任「早間節目」第二製片人。此舉讓ABC公司感到非常驚訝，因為諾伊菲爾德已在ABC工作了30年。與艾斯納發生衝突還包括迪士尼1993年收購的Miramax製片

公司負責人哈維・韋恩斯坦。

　　羅伊・迪士尼在辭職信中指出，頭10年，在當時的總裁弗蘭克・韋爾斯的輔佐下，艾斯納才獲得了成功。羅伊的說法並非沒有任何根據。韋爾斯是好萊塢著名律師。他頭腦冷靜，善於處理各種複雜的關係，與艾斯納恰恰相反。在韋爾斯的勸阻下，艾斯納頭腦發熱的想法被及時撲滅，沒有對迪士尼公司造成嚴重影響。

　　1994年，韋爾斯駕駛直升機失事身亡。這是艾斯納和迪士尼的一大損失。有人指出，如果韋爾斯還活著，迪士尼很可能就不會收購美國廣播公司，也不會倉促涉足其他業務領域。

　　1995年，艾斯納聘請他的朋友邁克爾・奧維茲（Michael Ovitz）擔任迪士尼總裁。此舉直接導致多名高級主管出走，成為一個災難性的決定。僅18個月後邁克爾・奧維茲不得不下臺。此後，艾斯納孤獨地主導著這家龐大的媒體公司，直到1999年才聘請羅伯特・伊格爾（Roben lger）擔任總裁。伊格爾並不具備韋爾斯那樣的人格魅力，因此艾斯納的獨斷專權不僅沒有得到有效牽制，反而更上一層樓。

艾斯納有政客的手腕。1994年前，羅伊·迪士尼曾任迪士尼動畫公司負責人。不過他只是掛個名而已，負責實際營運的卻是傑弗里·卡岑貝格爾。在《獅子王》等大片推出後，傑弗里在公司內外的聲望如日中天，有功高震主之勢。羅伊覺得傑弗裡目中無人，希望解雇傑弗里。

艾斯納耍了個手腕。他吹捧羅伊在動畫製作方面比傑弗里更有眼光。羅伊和傑弗里的關係進一步惡化。1994年，弗蘭克·韋爾斯死後，羅伊對傑弗里的不滿達到了極點。最終，傑弗里被迫離開。實際上，如果不是利用羅伊，鑒於當時傑弗里的聲望，艾斯納根本沒有膽量解雇傑弗里。

過去6年，迪士尼共失去一名總裁、兩名製片公司CEO、數名首席財務官，美國廣播公司的總裁則在6年時間裡走馬燈般地換了4個。艾斯納難於與人相處的缺點成為其致命傷。一些分析師預測，迪士尼可能還會面臨新一輪的高級經理離職。

艾斯納的這一缺陷也是導致他與蘋果公司CEO喬布斯產生矛盾的原因之一，並為迪士尼與喬布斯的Pixar動畫製片公司的合作裂痕埋下了禍根。多年來，迪士尼的動畫片

都是與Pixar公司合作製作的。據摩根士丹利透露，自1999年後，Pixar製作的成功影片，如《玩具總動員Ⅱ》和《怪獸電力公司》，約占迪士尼製片業務利潤的40％至50％。《海底總動員》實際上也是由Pixar製作的。

Pixar希望從2006年開始，自己投資製作，減少迪士尼的股份比例，使迪士尼的股份最低減至6％。目前雙方各占50％。喬布斯已表示，可能要求重新簽訂協定，甚至考慮選擇其他合作夥伴。如果與Pixar的關係破裂，迪士尼的一大利潤來源將受到衝擊。

三、艾氏的乖乖董事會

儘管業績持續下滑，艾斯納卻似乎「江山永固」。這是羅伊‧迪士尼和斯坦利‧戈爾德所料想不到的。當初，決定聘請艾斯納正是這兩個人。此前，市場上流傳著一種說法：羅伊‧迪士尼和當時擔任董事會治理與任命委員會主席的斯坦利‧戈爾德已失去對艾斯納的耐心，並醞釀聯合其他董事採取逼宮之舉。有人甚至曾預測艾斯納「大限」已到。

他們錯了。艾斯納有一個乖乖聽話的董事會，逼宮談

何容易。多年來，迪士尼的董事一直被認為是公司治理的壞典型。在它的「外部董事」中包括艾斯納的師長、他孩子的小學校長等這樣只會對艾斯納點頭說「yes！」的人。這就不難理解，為什麼在艾斯納江郎才盡的今天，董事會依然會給予他優厚的報酬。

為了平息批評的聲音，2002 年艾斯納採取一系列措施，改善公司治理。2003 年年初，他不得不讓他的師長以及那位小學校長離開。改選後的董事會由 16 名董事減少到 12 名。當然離開的不僅有說「yes！」的，也有說「no！」的。在迪士尼公司，羅伊·迪士尼和斯坦利·戈爾德是對艾斯納最為不滿的。2002 年 9 月，艾斯納成功地聯合其他董事指責戈爾德故意誹謗。其後，艾斯納又任命前美國參議員喬治·米歇爾與戈爾德共同擔任治理與任命委員會主席，有效地削弱了戈爾德的權力。羅伊和戈爾德辭職後，董事會中對艾斯納的批評聲音更微弱了。

艾斯納並不是迪士尼董事會心目中的惡棍，而是它曾經十分尊崇而信任的精神領袖。畢竟，在他的任內，他把公司打造成了一艘娛樂業航母。艾氏董事會之所以容忍他，除了上述原因，還有另一個原因，那就是艾斯納曾經做得很好。

在羅伊和戈爾德與艾斯納的對陣中，董事會中直接表態支援羅伊和戈爾德的並不多，但公開為艾斯納辯護的也寥寥無幾。此事很能說明問題。一位持有迪士尼股票基金的經理表示，早在幾年前董事會就應安排艾斯納體面退休。

2002年10月初，艾斯納在高盛一次投資會議上說：「過去5年，迪士尼在盈利和股價方面令人失望，我對此負有責任。」但是，他以什麼形式來負責呢？以他的高薪和牢固的權力？

		平均	平均	成分公司平均
五年平均收入增長率（％）	3.33	26.96	19.18	9.78
五年平均每股利潤增長率（％）	-6.18	5.81	17.01	10.44
五年平均股東權益回報率（％）	-41.0	4.6	14.6	19.94
淨利潤／員工	13080	25704	90004	76352

四、強大的競爭對手

在美國，動畫片一直是一個利益豐厚的市場，以1994年的《獅子王》為例，該片在全球共贏得了7.7億美元票房，相關產品的收入甚至比這個數字還要高。在很長一段時間裡，迪士尼公司在這個領域一直處於壟斷的地位。其他財大氣粗的美國公司當然不能容忍這塊巨大的蛋糕讓迪士尼一家獨佔，20世紀90年代以來，他們紛紛推出自己的動畫片產品，向迪士尼的權威發出挑戰。

首先發難的是華納公司，很快後起之秀「夢工場」也加入了大戰。今夏推出的全三維動畫片《怪物史萊克》叫好又叫座，票房成績比起迪士尼引以自豪的《獅子王》也不算遜色。

其他美國電影巨頭們也推出了自己的產品，想要在動畫市場上分一杯羹。比如福克斯公司推出了《冰凍星球》，環球公司推出了《飛鼠洛基冒險記》，派拉蒙公司推出了《淘氣小兵兵》系列，哥倫比亞公司推出了《最終幻想》等等。眼前美國動畫界群雄還要爭奪一個新的獎項——奧斯卡。今年的奧斯卡獎首次設立最佳動畫故事片獎。除了《美女和野獸》，之前還沒有動畫片獲得過最佳

影片提名。《怪物史萊克》當然是最大的對手，此外迪士尼還要對抗《古墓麗影》、《最終幻想》、《貓狗大戰》等影片。

這場爭奪「世界動畫新秩序」最高地位的戰鬥才剛剛開始。

五、迪士尼，向左還是向右？

就在迪士尼帝國的經營處於困境之際，一些大的公司開始出價收購迪士尼，這對於迪士尼來講，究竟是重生的機遇還是最後的盛宴？現在的迪士尼，正處於選擇的十字路口！

Comcast 開價叫買

美國有線電視服務公司Comcast2月11日宣佈，該公司計畫收購華德・迪士尼公司，他們為這項惡意收購的出價為每0.78股Comcast股份交換一股迪士尼股份。照此計算，此次收購的出價為660億美元，其中包括為迪士尼公司支付的119億債務。

Comcast稱，如果按照最近一個交易日的價格計算的

話。其出價將給迪士尼的股東們將近50億美元的優惠，迪士尼股東們將擁有新公司42%的股份。Comcast的CEO布萊思一羅伯茨（Brlam Roberts）稱，他已經於本週就併購一事和迪士尼進行了直接接觸，但是遭到了迪士尼CEO邁克爾·艾斯納（Michael Eisner）的拒絕。

布萊思在給艾斯納的一份公開信中說：「我們提議就迪士尼與 Comcast 合併成立一個新的娛樂與通信公司進行協商。不幸的是。你們不同意這一提議，因此我們只得選擇向你們的董事會提出公開收購。」目前，為 Comcast 提供諮詢服務的包括摩根·斯坦利、JP 摩根、Quadrangle Group 和 Rohatyn Associares 等。

Comcast於1963年由拉爾夫·羅伯特，也就是現任Comcast的首席執行官的父親在密西西比州創建。後來，公司更名為Comcast，1969年，公司總部遷到費城。公司於1 972在納斯達克上市。

上個世紀80年代，Comcast開始迅速增長。1986年，Comcast收購了另外一家有線電視公司，規模擴大了一倍。Comcast還是QVC家庭購物網路的原始投資者。

Comcast從密西西比一家員工人數僅有1200人的有線

公司開始起家，到今天，它和自己的家族公司一起，已經成爲世界上最有影響力的媒體公司之一。

如果收購得以順利通過——雖然收購前景受到迪士尼管理層拒絕進行談判的影響，羅伯特和他的Comcast公司將一舉成爲足以同默多克的新聞集團，時代華納媒體集團相抗衡的媒體巨頭。但Comcast首席執行官卻低調的表示收購只是公司三十年厚積薄發的體現。

羅伯特表示：「這只是一家媒體公司順理成章的選擇，我們想進入內容提供行業。我們的收購動機相當認眞。」

成交的變數

康姆卡斯特的這一併購計畫立即受到迪士尼的回擊。迪士尼聲稱，公司的財務狀況近期已經好轉。在日前舉行的投資者會議上，迪士尼公司首席營運長官鮑勃‧伊格爾公佈了上一個財季的業績報告，說迪士尼公司首季營業額比去年同期增長19％，達85.5億美元，實現利潤6.88億美元，比去年的3600萬美元增長了約18倍。報告還預計2004財政年度的淨利潤增幅會超過30％。輿論分析，迪士尼公

司的這一舉措實際上是回擊了康卡斯特的收購企圖。目的在於贏回投資者的信心。

華爾街的分析師們也普遍認為，康姆卡斯特的收購計畫不會輕易得逞，因為不少企業巨頭也對迪士尼虎視眈眈。目前，自由傳媒公司和IAC集團成為了人們猜測的焦點，這兩家公司具有一定的市場實力，資產負債情況也較良好。如果兩家聯合出手，它們將是康卡斯特的強大競爭對手。

而且，自從收購消息傳出以來，迪士尼股價已經持續上漲了15%。分析人士指出，這反映出投資者對660億美元的收購出價並不認同，他們希望看到其他買家的加入，來形成一場激烈的收購戰。可愛的米老鼠到底會投入誰的懷抱？目前還存在很多變數。

華爾街伯恩斯坦公司（Sanford C.Bernstein Co）的資深媒體分析師湯姆・慶若恩（Tom Wolzien）說，目前迪士尼有三到四個選擇。第一，它可以說康姆卡斯特出價太低，「而事實也是這樣。」第二，在迪士尼等待答覆期間，它還可以找別的買家。第三，它也可以買下別的公司，壯大自己。最後，它還可以故意做出樣子說，政府的

審核過於漫長而複雜，從而保持公司的獨立性。不過，如果出價足夠高，迪士尼看來很難堅持到底。

沃若恩最後提醒說，政府一直比較關注媒體公司的合併，尤其像現在這兩家公司，一個是擁有提供電影、電視內容的迪士尼，一個是佔有大量有線電視傳輸分額的康姆卡斯特。它們的合併肯定會引起聯邦通訊委員會的高度重視。而今年又是大選年，如果民主黨獲勝，聯邦通訊委員會很可能全面改組。因為共和黨主張市場自由化，而民主黨長期以來主張政府應該嚴格監管市場，防止壟斷。

微軟插手？

聲勢浩大的迪士尼收購案表面上看起來似乎只是康卡斯特在操作，但是分析家卻認為，微軟也可能在其中扮演著重要角色，而且一旦收購成功，將成為最大的贏家。因為微軟擁有康卡斯特 7.4 ％的股份，還將可以在收購案成功之後獲得迪士尼 4 ％的股份。這些股份將使微軟有著控制整個收購過程的權力，並可以隨後控制大部分的數位娛樂市場。這樣就可以建立起一個牢固而且利潤豐厚的鐵三角，即微軟的軟體、康卡斯特的傳輸和迪士尼的娛樂節目。

微軟一直虎視眈眈地尋找在娛樂和電信方面的切入口，從而為它的軟體尋找新的市場。日前迪士尼剛剛同意從微軟購買數碼媒體技術用於網上銷售電影，從而阻擊非法銷售和拷貝。微軟也在康姆卡斯特的有線電視業務上發揮著重要的作用。金星媒體的分析師喬·威爾科克斯說：「微軟看起來有意擴展它在傳媒領域的影響力，尤其是對抗美國在線和時代華納的潛在威脅。」

一些觀察家還認為，微軟還可能從幕後走到臺前直接宣佈收購迪士尼。微軟擁有超過530億美元的現金流量，收購迪士尼易如反掌。微軟發言人拒絕評論這種可能。

另外一些分析家說，微軟隱身幕後的可能性大一些，因為微軟在投鉅資推出MSNBC和網上雜誌Slate之後，就開始在內容製作領域撤退了，MSNBC目前盈利狀況不好。這種說法得到了微軟的一個主管赫爾姆的驗證，他說目前微軟不是要併購內容製作公司，而是傾向於讓內容供應商成為自己的「延伸手臂」。

「米老鼠」的心思

2月17日．迪士尼公司的首席執行官邁克爾‧艾斯納宣佈：迪士尼公司已經收購了漢森公司的一系列木偶形象的版權，並且將在自己的電視網播出漢森公司製作的《藍屋裡的熊》（Bear in the Blue House）等節目，在此之前的10年時間裡，迪士尼一直在向漢森公司「示好」，現在兩家終於結合。漢森公司是由木偶大師吉姆‧漢森（Jim Henson）創建的，1 969年開始製作風靡世界的兒童教育節目《芝麻街》，1976年開始製作電視節目《木偶秀》，之後又製作了一系列的「木偶電影」。吉姆‧漢森創造的青蛙柯米（Kermlt the Frog）是世界上最著名的木偶形象，迪士尼收購的形象版權中就包括這隻青蛙。

迪士尼和漢森公司都沒有宣佈交易的細節，據知情人士透露，交易額大約在4000萬美元到6000萬美元之間，而且兩家將共同分享利潤。

事隔幾日，華德‧迪士尼公司主席兼CEO邁克爾—艾斯納（Michael Eisner）表示，公司董事會不會拒絕任何「真正的高價」收購，但絕不會將自己的公司轉手相讓。

分析人士指出，事實上投資者對660億美元的收購出價並不認同，他們希望看到其他買家的加入，來形成一場激烈的收購戰，使成交價格達到預期水平。

改革與再續輝煌的陣痛

為使迪士尼儘快扭虧為盈，艾斯納和他的管理班子正在制定新的經營策略。實際上，在「911」事件以前，迪士尼已經裁減了400多名員工。新的計畫還將裁減更多的員工。此外，迪士尼開始減少在其主題公園上的投資。

視像技術的最新發展，也將推動迪士尼經營業績的增長。低價銷售DVD機將帶動消費者從迪士尼商店購買DVD娛樂光碟。隨著電視的視頻點播將進入家庭，迪士尼將會大大擴展自己的出口。迪士尼的音樂、遊戲和人物也都可以發送到手機上。在東南亞國家，已有200多萬用戶每月花1美元、2美元從網上下載音樂或卡通節目。此外，迪士尼更將觸角伸向海外，它的有線電視和主題公園正在迅速擴張。巴黎的迪士尼樂園也將開業。建在香港的一個大型迪士尼樂園，將於2006年落成開業。以上這些專案都是由當地開發商提供資金，迪士尼只徵收管理費。實際上，它就

是出售自己的品牌使用權。艾斯納自信地說：「迪士尼有一系列價值連城的品牌，它們都能給公司帶來巨大的營業收入，而我們要做的，就是把這些品牌最大化。」

迪士尼的百年是輝煌的百年，是創造了一個又一個奇蹟的百年，是米老鼠使在逆境中掙扎的華德‧迪士尼擺脫困難，並創造了一個偉大的娛樂帝國，從此，華德‧迪士尼的名字與他創立的公司緊緊相連，為人間播撒了無數的歡樂！

迪士尼從一開始經營到今天，始終都是在與困難做爭鬥，它永遠是挑戰者，所以我們有理由相信目前正處於經營管理的低谷的迪士尼，經過一段時間的調整和革新之後，是有能力也有機會扭轉乾坤，繼續他們輝煌的神話！

後　記

如何配製你自己的魔法藥丸

　　從米老鼠的魔法藥丸誕生之日起，藥丸的神奇功效便幫助迪士尼年復一年地創造出了一個又一個奇蹟，爲世人展示了一個個眩目的魔術。正如哲學家所言，任何事情的發生都是有道理的。迪士尼的奇蹟並非天上掉下來的禮物，而是創意和創造力的瓜熟蒂落。

　　如果你是一位敢於夢想、敢於設計未來的人，你也應該像迪士尼配製自己的魔法藥丸一樣配製自己的魔法藥丸，本書是以迪士尼的成功爲依託，實際上闡述了一個永恒的眞理：凡成功者，都有自己的獨特理念！

　　如果把米老鼠的魔法藥丸分解開來，我們可以很清楚地看到這個神奇配方的幾種基本成分：合作力、想像力、市場需求、細節設計、冒險精神、戰勝失敗。正是這幾種成分的綜合作用，才使得米老鼠的魔法藥丸產生了神奇的效果。我想，每一位有理想、有勇氣、有魄力追求未來的人，都可以結合自己的實際，爲自己配製出成功的魔法藥

丸，下面我們試著來做這個有趣且很有意義的實驗：

合作力

　　合作力是當代社會最需要的一種精神，個人在合作力的作用下結合起來會成爲強大無比的力量，任何一個追求夢想的人，都要加強自己的合作力，使得自己成爲一個團隊中的一分子，最有合作力的人最容易成功。

想像力

　　這是一個需要想像力的時代，這個社會甚至可以被稱爲想像力經濟時代，因爲只有想像力才能產生好的創意，只有想像力才能有好的設想，想像力是一切成功的源頭活水，事業的成功和財富都需要豐富而獨特的想像力。想像力經濟的最大特點就是：一個富有創意的想法就能成就一個富翁，一個好的創意可能變成無價之寶。現在的諮詢公司就是這種經濟模式下的產物，諮詢公司就像是一個生產點子的智囊庫，是一個發揮想像力並且用商業化的外套進行包裝的地方。在想像力經濟時代，墨守陳規不願意釋放自己思想的人常常會被社會淘汰，他們會被自己的同行迅

速甩在後面，成為典型的後進者。而能夠發揮自己想像力的人，在這個經濟模式下常常會成為最有活力、最有前途的人，因為他們能夠抓住機會成就自己，這就是想像力經濟時代的生存遊戲規則。在想像力經濟時代，一個最有活力和最有前途的創富者，應該有足夠強的經濟駕馭能力和實踐操作能力。

市場需求

在市場經濟時代，市場需求是你的眼睛，一切創意和財富都要在市場需求中尋找，不注重市場需求的人就像一個盲人一樣，是難以在商業中立足的。如果你忽視市場需求，市場也會放棄你，你就會離成功越來越遠！

細節管理

現代商業的成敗，幾乎已經由細節決定了。大筆的金錢投入下去，往往只為了賺取百分之幾的利潤，而任何一個細節的失誤，就可能將這些利潤完全吞噬掉。細節管理是實現願望的重要環節，很多事務如果在細節處理的不好，常常會漸漸吞噬掉你長遠的目標！

冒險精神

資訊時代也是冒險的時代，冒險使得一個人的能力倍增，冒險可以開掘出很多的機會，在這個時代，我們看到站在時代前沿的人大多數都是勇敢的冒險者。冒險不是賭博，而是一種判斷和嘗試，也是一種學習！

戰勝失敗

每一個成功者都曾經是失敗者，請記住，失敗是成功之母！最後一次戰勝失敗的人常常笑到最後！

想像力靠市場需求來驗證；想像力靠合作力來實現；想像力靠細節管理來規範；想像力靠冒險精神來昇華；想像力靠戰勝失敗來堅持。

最後，你就可以配製出來你自己的魔法藥丸，這個藥丸實質上是吸取了米老鼠藥丸的配方，因為米老鼠的魔法藥丸具有普遍的意義！

【名　　稱】成功者的魔法藥丸

【發 明 者】相信未來的夢想者

【成　　分】合作力、想像力、市場需求、細節設計、冒險精神、戰勝失敗

【類　　別】啓發管理與理財類藥丸

【性　　狀】本品無色、無味

【功能主治】管理混亂乏力，財富創意能力弱，市場眼光近視或者遠視，創業眼高手低，困難畏懼症等症狀

【用法用量】思想服用，實踐檢驗。每日兩次，早晚各一次

【禁　　忌】安於現狀者、知足常樂者禁用

【參考書目】

[1]《迪士尼樂園的創造者華德‧迪士尼》，李憑、張鳳編寫，山西教育出版社1997年版。

[2]《迪士尼原理》，（美）比爾‧卡波達戈利，林恩‧傑克遜著，知識出版社2001年版。

[3]《銷售歡樂 迪士尼公司》，李世丁，周運錦編著，廣東旅遊出版社1998年版。

[4]《娛樂大王迪士尼》，（美）鮑勃‧托馬斯著，中國經濟出版社1991年版。

[5]《華德‧迪士尼傳》，（美）馬克‧埃利奧特著，外文出版社1995年版。

[6]《迪士尼營銷》，彭程、齊武主編，中國經濟出版社2003年版。

國家圖書館出版品預行編目資料

經營快樂—賣什麼不如賣快樂，迪士尼的財富
秘密攻略／張岱之著.
第一版——臺北市：老樹創意出版中心；
紅螞蟻圖書發行，2015.3
面 ； 公分. ——（New Century；52）

ISBN 978-986-6297-43-4（平裝）

1.華德迪士尼公司(Walt Disney Company) 2.企業管理
494   104002317

New Century 52

經營快樂—賣什麼不如賣快樂，迪士尼的財富秘密攻略

作　　者／張岱之
發 行 人／賴秀珍
總 編 輯／何南輝
文字編輯／林芊玲
美術編輯／林美琪
封面設計／張一心
出　　版／老樹創意出版中心
發　　行／紅螞蟻圖書有限公司
地　　址／台北市內湖區舊宗路二段121巷19號（紅螞蟻資訊大樓）
網　　站／www.e-redant.com
郵撥帳號／1604621-1　紅螞蟻圖書有限公司
電　　話／(02)2795-3656（代表號）
傳　　真／(02)2795-4100
法律顧問／許晏賓律師
印 刷 廠／卡樂彩色製版印刷有限公司
出版日期／2015年3月　第一版第一刷

定價 220 元　　港幣 74 元

ISBN　978-986-6297-43-4　　　　　　Printed in Taiwan